国家职业技能等级认定培训教材
国家基本职业培训包教材资源

茶艺师

（基本素质）

本书编审人员

主　编　余文权　汪刘峰
编　者　李　适　牛　丽　蒋　希　任　慧
主　审　姚国坤　穆祥桐

中国人力资源和社会保障出版集团

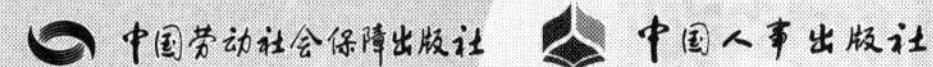

中国劳动社会保障出版社　中国人事出版社

图书在版编目（CIP）数据

茶艺师：基本素质 / 人力资源社会保障部教材办公室组织编写. -- 北京：中国劳动社会保障出版社：中国人事出版社，2022

国家职业技能等级认定培训教材

ISBN 978-7-5167-5040-7

Ⅰ. ①茶…　Ⅱ. ①人…　Ⅲ. ①茶艺－中国－职业技能－鉴定－教材　Ⅳ. ①TS971.21

中国版本图书馆 CIP 数据核字（2022）第 033560 号

中国劳动社会保障出版社
中　国　人　事　出　版　社　**出版发行**

（北京市惠新东街 1 号　邮政编码：100029）

*

北京市艺辉印刷有限公司印刷装订　新华书店经销

787 毫米 ×1092 毫米　16 开本　14 印张　245 千字

2022 年 3 月第 1 版　2022 年 3 月第 1 次印刷

定价：45.00 元

读者服务部电话：（010）64929211/84209101/64921644

营销中心电话：（010）64962347

出版社网址：http://www.class.com.cn

前言
Preface

为加快建立劳动者终身职业技能培训制度，大力实施职业技能提升行动，全面推行职业技能等级制度，推进技能人才评价制度改革，促进国家基本职业培训包制度与职业技能等级认定制度的有效衔接，进一步规范培训管理，提高培训质量，人力资源社会保障部教材办公室组织有关专家在《茶艺师国家职业技能标准（2018年版）》（以下简称《标准》）和国家基本职业培训包（以下简称培训包）制定工作基础上，编写了茶艺师国家职业技能等级认定培训系列教材（以下简称等级教材）。

茶艺师等级教材紧贴《标准》和培训包要求编写，内容上突出职业能力优先的编写原则，结构上按照职业功能模块分级别编写。《茶艺师（基本素质）》是各级别茶艺师均需掌握的基础知识。

本书是茶艺师等级教材中的一本，是职业技能等级认定推荐教材，也是职业技能等级认定题库开发的重要依据，已纳入国家基本职业培训包教材资源，适用于职业技能等级认定培训和中短期职业技能培训。

本书在编写过程中得到中国社会科学院、南京农业大学茶叶研究所、湖南农业大学茶学系、浙江大学茶叶研究所、北京茶白科技股份有限公司等单位的大力支持与协助，在此一并表示衷心感谢。

人力资源社会保障部教材办公室

Contents

目录

茶艺师（基本素质）

相关法律法规知识

职业认知与职业道德

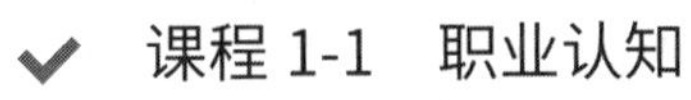

- 课程 1-1　职业认知
- 课程 1-2　职业道德基本知识
- 课程 1-3　职业守则

课程 1–1　职业认知

一、茶艺的概念

1. 茶艺的定义

茶艺是泡茶的技艺和品茶的艺术，茶艺有广义、狭义之分。广义的茶艺是指有关茶叶生产、制造、经营、饮用方法的学问。狭义的茶艺是指品茶的艺术，与茶叶生产、经营领域无关。

如今，人们提出应当以“狭义为主，广义为辅”的茶艺概念。因为广义茶艺中的“有关茶叶生产、制造、经营”等方面，早已形成相关专业的学科，比如“茶树栽培学”“制茶学”“茶叶审评与检验”和“茶文化”等专业学科，均有一整套严格的科学概念，不能简单地用“茶艺”一词加以概括。

狭义茶艺所说的品茶艺术其实也与上述学科息息相关，只有了解和掌握一定的和茶叶生产制造、审评检验等相关专业知识，才能将品茶的艺术发挥到极致。

如果纯粹从行为本身探究，茶艺主要是指泡茶和品茶的行为。茶艺准备伊始，就要对饮茶环境、茶叶品质、泡茶用水、所用茶具、冲泡技法等内容做出要求，进而将泡茶和品茶这一物质享受提升到具有艺术高度的精神享受。

因此，茶艺是泡茶的技艺和品茶的艺术。它是一门以品茶艺术为核心，综合茶叶生产制造、茶叶审评、茶具、品茗用水、茶与健康、茶文化、泡茶技法、演示表演等知识的综合型学问。

2. 茶艺的类型

按照茶艺表现形式的不同，将茶艺分为三大类。

（1）表演型茶艺。表演型茶艺是指一名或多名茶艺师为众人表演茶艺，如图 1–1–1 所示。表演型茶艺适用于大型聚会、节庆活动、晚会节目等。表演型茶艺极具观赏价值和视听享受，通过舞台效果、背景音乐、伴舞等舞台表现形式来展现茶艺的艺术感染力。表演型茶艺的侧重点是表演，要求茶艺师通过美好的形象、优美的肢体动作和流畅的茶艺操作来展现茶艺的魅力。表演型茶艺可以宣传、普及茶文化，弘扬中华优秀传统文化。

如今，茶艺表演已经成为各大晚会的热门节目之一。表演型茶艺能够充分地展示中华优秀传统文化的精髓，从场景布置、茶席设计、服装选择到配乐和解说词，无一不彰显出我国传统文化的博大精深。

（2）营销型茶艺。营销型茶艺是指通过茶艺来促进茶叶、茶具和茶周边商品的销售，如图 1–1–2 所示。营销型茶艺适用于茶厂、茶庄、茶馆等场合。营销型茶艺没有固定的演示程序和解说词，而是要求茶艺师在充分了解茶性的基础上，因人而异，根据客人的年龄、性别、生活地域、饮茶习惯等冲泡出最适合客人口感的茶，展示出茶叶的色、香、味、韵。茶艺师要根据客人的文化程度和兴趣爱好，巧妙地介绍茶的知识，如茶的保健功效、文化内涵等，激发客人的购买欲望。营销型茶艺要求茶艺师诚恳自信、有亲和力，具备丰富的茶叶商品知识和高超的营销技巧。

图 1–1–1　表演型茶艺

图 1–1–2　营销型茶艺

（3）品茶型茶艺。品茶型茶艺是指由一名主泡茶艺师与客人围桌而坐，一同品茶鉴茶，如图 1–1–3 所示。品茶型茶艺要求在场的每一个人都是茶艺的参与者，一同来分享、品鉴一款茶。主泡茶艺师需要承担起主持人的角色，使品茶活动能够有序进行，让在场的每一个人都能通过主泡茶艺师的安排和引导参与品茶的各个环节，例如，看干茶、闻茶香、品滋味、看叶底等；还要鼓励每一位参与者大胆地发表自己的意见和看法，形成关于茶品体验的热烈讨论。

品茶型茶艺能够让每个人都获得品茶、鉴茶的乐趣，使他们充分领略到茶的色、香、味、韵；还能够促进朋友间的交流情感，切磋茶叶知识。品茶型茶艺要求茶艺师具备比较丰富的茶叶知识和较好的组织沟通能力。

图 1-1-3　品茶型茶艺

3. 茶艺的特点

中国饮茶已经有大约 3 000 年的历史了，在中国茶文化的发展过程中，茶德、茶道、茶艺是相辅相成的。

古人最早认为，茶德应为“俭”。《晋中兴书》和《晋书》分别记载过陆纳和桓温以茶示俭的故事。陆羽在《茶经》中更是直接将茶与人联系起来，他指出：“茶之为饮，最宜精行俭德之人。”赋予了“俭”为茶德的第一层含义。与陆羽同时期的刘贞亮提出，茶有十德：“以茶散郁气，以茶驱睡气，以茶养生气，以茶除病气，以茶利礼仁，以茶表敬意，以茶尝滋味，以茶养身体，以茶可行道，以茶可雅志。”

刘贞亮的“茶德论”既是对茶德的一次集中总结，也为茶道打开了大门，其中“利礼仁、表敬意、可行道、可雅志”等表述就属于茶道的精神范畴。“以茶可行道”是指茶能够帮助道德教化，将茶的功能与古代最高层次的精神追求相结合。

皎然在《饮茶歌诮崔石使君》中最早提到过这种境界，他说：“一饮涤昏寐，情思朗爽满天地。再饮清我神，忽如飞雨洒轻尘。三饮便得道，何须苦心破烦恼。”饮茶助得道，这便是皎然的茶道概念。卢仝在《走笔谢孟谏议寄新茶》中写道：“一碗喉吻润，两碗破孤闷。三碗搜枯肠，惟有文字五千卷。四碗发轻汗，平生不平事，尽向毛孔散。五碗肌骨清，六碗通仙灵。七碗吃不得也，唯觉两腋习习清风生。”如图 1–1–4 所示。卢仝所讲的“通仙灵”和皎然的“便得道”有异曲同工之妙。

张源在《茶录》里写道：“茶道：造时精，藏时燥，泡时洁。精、燥、洁，茶道尽矣。”但张源此处所提的茶道更多地像是对茶叶从制造到泡饮过程中的技术要求，并没有上升到精神层次。

如今所说茶道的精神含义是指人们通过品茶这一行为产生的各种感受和遐想，以及审美的愉悦，达到可行道、得道的高度。

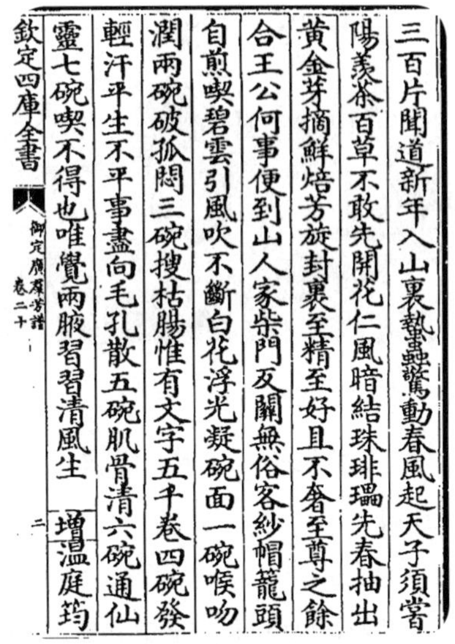

三百片聞道新年入山裏蟄蟲驚動春風起天子須嘗
陽羨茶百草不敢先開花仁風暗結珠琲瓃先春抽出
黃金芽摘鮮焙芳旋封裹至精至好且不奢至尊之餘
合王公何事便到山人家柴門反關無俗客紗帽籠頭
自煎喫碧雲引風吹不斷白花浮光凝碗面一碗喉吻
潤兩碗破孤悶三碗搜枯腸惟有文字五千卷四碗發
輕汗平生不平事盡向毛孔散五碗肌骨清六碗通仙
靈七碗喫不得也唯覺兩腋習習清風生　增溫庭筠
欽定四庫全書　御定廣羣芳譜　卷二十　二

图 1-1-4　卢仝《走笔谢孟谏议寄新茶》

茶艺精神的成型要追溯到唐代。唐代陆羽《茶经》记载：“一曰造，二曰别，三曰器，四曰火，五曰水，六曰炙，七曰末，八曰煮，九曰饮。”今天的泡茶技艺已涵盖了对饮茶环境的设计布置，对茶叶的选择和对其品质的把控，对适宜茶具的挑选，对泡茶用水的选择，以及对冲泡技法的熟练掌握。陆羽所提到的“九曰饮”正是茶艺的第二部分：品茶艺术。品茶艺术是茶艺精神的核心，只有了解中国茶文化的精神并具备一定的审美能力，才能如裴汶一般感受到茶的“其性精清，其味浩洁，其用涤烦，其功致和”的境界。

泡茶技艺作为茶艺的第一部分，和品茶艺术是互相成就、不可分割的。泡茶技艺作为行动主体，以精湛的一系列技艺呈上一杯优质的茶汤；品茶艺术作为核心，只有懂得欣赏这一杯茶及其蕴含的文化和精神，才能将品茶上升到艺术的高度。

因此，茶艺是人们生活中以茶叶为载体，以冲泡为手段，以品茶为核心的具有较强技术性的艺术与精神行为。

二、茶艺师简介

茶艺师是指在茶室、茶楼等场所，展示茶水冲泡流程和技巧，以及传播品茶知识的人员，如图 1-1-5 所示。

图 1-1-5　茶艺师

茶艺师职业共设五个等级，分别为：五级 / 初级工、四级 / 中级工、三级 / 高级工、二级 / 技师、一级 / 高级技师。

茶艺师的职业能力包括：良好的语言表达能力，一定的人际交往能力，较好的形体知觉能力与动作协调能力，较敏锐的色觉、嗅觉和味觉感知能力。

茶艺师不仅是“展示茶水冲泡流程和技巧”的服务人员，也是传播茶叶知识、弘扬中国茶文化的使者。中国茶是中华优秀传统文化的载体，中国茶文化是中华优秀传统文化的重要组成部分，茶艺师身上肩负着传承和弘扬中华优秀传统文化的使命。

茶艺师是中国茶、中国茶文化和普通消费者之间的桥梁，是茶文化传播的一线使者，所以茶艺师的形象代表着中国茶和中国茶文化的形象。这就要求茶艺师要时刻肩负起使命，以饱满的热情和专业的能力服务好每一位消费者。让更多人通过茶艺师而热爱茶，从茶艺中感受到中华茶文化的魅力。中国的茶文化也将通过茶艺师来推广和普及，促进交流和传播，让世界了解中国茶文化的源远流长和博大精深，从而提升中国茶文化以及茶产业的影响力。

三、茶艺师的岗位职责

茶艺师的岗位职责主要是遵守公司各项规章制度，服务好每一位消费者。其岗位职责表现在日常工作中，具体包含以下三个方面。

1. 茶事工作

（1）茶叶的鉴别与审评。熟练掌握各大茶类的基本知识，熟知不同茶类的特点，准确辨别各大茶类。审评某一茶样的优劣并将信息反馈给领导。

（2）茶具的认识和鉴别。熟练掌握不同茶具的使用方法，熟知不同茶具的特性，根据不同茶类选择不同茶具。

（3）水品的选择。熟知不同水品的特点，根据不同茶类选择适当的水品。

（4）茶叶知识普及。回答消费者关于茶叶的问题，例如，茶叶的信息、茶叶的保健功效、茶叶的储存方法等问题。

2. 茶艺馆工作

（1）品茶空间设计布置。根据茶艺馆的实际情况设计、布置品茶空间，通过品茶空间的设计、布置，充分展现茶文化的魅力，要求设计、布置能够体现中国传统文化之美。茶室一角如图 1–1–6 所示。

（2）茶席设计。设计出优美的茶席，通过茶事道具来营造茶席之美，展现出茶艺馆高雅的审美情趣。

（3）日常工作。保持茶艺馆的整洁、卫生；熟知安全生产知识，确保茶艺馆的设施、设备安全运行；确保茶叶、茶具等产品的妥善储存。

（4）接待工作。以良好的礼仪规范和饱满的热情接待来客，能够根据顾客的要求提供相应的茶事服务，接受顾客的建议并及时上报领导，保证客用品充足。

图 1–1–6　茶室一角

3. 茶文化工作

（1）茶艺演示。按照要求高质量地完成不同茶类的茶艺演示。

（2）茶文化普及。向大众普及、传播茶文化知识。

（3）茶文化创作。设计不同茶类、不同节气的茶席作品，创作茶艺演示解说词，创作茶文化节目。

课程 1–2　职业道德基本知识

一、道德

1. 道德的定义

道德作为调节人们行为的规范，是社会关系的产物，特别是经济关系的产物。人们在从事物质生产的过程中，必然会形成各种社会关系。在人们的交往活动中，必然会产生个人与个人、个人与集体、个人与社会之间利益上的矛盾或冲突，为解决这些矛盾或冲突，调节社会关系，就逐渐形成了一些行为准则和观念，这就是道德。道德归根到底是人们物质生产和交换关系的产物。

道德是一种社会意识形态，能够帮助调节人与人、人与自然、人与社会，包括人与自身的关系，是人们共同生活及其行为的准则和规范，是人的人生观和价值观的具体体现。

2. 道德的作用

道德与每个人都息息相关，它不仅对社会产生影响，更时刻在每个人的生活中发挥着重要的作用。道德在日常生活中的主要功能有以下三个方面。

（1）认识功能。道德如同灯塔，能够帮助、引导人们追求至善的方向。道德能够帮助人们认识自己，能够让人们认识到自己对家庭、对他人、对社会、对国家应负的责任和应尽的义务，道德还能帮助人们正确地认识社会道德生活的规律和原则，从而正确地选择自己的生活道路和规范自己的社会行为。

（2）调节功能。道德是社会矛盾的调节器。社会生活中，不可避免地会发生各种矛盾，这就需要道德以社会舆论、风俗习惯、内心信念等特有形式，以及个人的善恶标准去调节人们的行为，指导和纠正人们的行为，使人与人之间、个人与社会之间的关系趋于完善与和谐。

（3）教育功能。《管子・君臣下》中提道："君之在国都也，若心之在身体也。道德定于上，则百姓化于下矣。"意思是说，如果统治阶级能以身作则，用道德来教育人民，则百姓就一定可以受到教化。道德是积极向善的引路人。它能够帮助人们培养良好的道德意识、道德品质和道德行为，帮助人们树立正确的义务、荣誉、正义、幸福等观念，使受教育者成为道德纯洁、理想高尚的人。

3. 公民道德规范

公民道德规范是一个国家所有公民必须遵守和履行的道德规范的总和。党的十九大报告提出，深入实施公民道德建设工程，推进社会公德、职业道德、家庭美德、个人品德建设，激励人们向上向善、孝老爱亲，忠于祖国、忠于人民。

2019 年中共中央、国务院印发了《新时代公民道德建设实施纲要》（以下简称《纲要》），提出在全社会大力弘扬社会主义核心价值观，积极倡导富强民主文明和谐、自由平等公正法治、爱国敬业诚信友善，全面推进社会公德、职业道德、家庭美德、个人品德建设，持续强化教育引导、实践养成、制度保障，不断提升公民道德素质，促进人的全面发展，培养和造就担当民族复兴大任的时代新人。要把社会公德、职业道德、家庭美德、个人品德建设作为着力点。推动践行以文明礼貌、助人为乐、爱护公物、保护环境、遵纪守法为主要内容的社会公德，鼓励人们在社会上做一个好公民；推动践行以爱岗敬业、诚实守信、办事公道、热情服务、奉献社会为主要内容的职业道德，鼓励人们在工作中做一个好建设者；推动践行以尊老爱幼、男女平等、夫妻和睦、勤俭持家、邻里互助为主要内容的家庭美德，鼓励人们在家庭里做一个好成员；推动践行以爱国奉献、明礼遵规、勤劳善良、宽厚正直、自强自律为主要内容的个人品德，鼓励人们在日常生活中养成好品行。《纲要》是在新的历史条件和社会状态下对中华民族几千年来形成的优良传统道德的继承和弘扬，其提出的公民基本道德规范适用于不同社会群体，是每一个公民都应该遵守的行为准则。

二、职业道德概念

1. 职业道德的定义

职业道德是从事一定职业的人们在工作和劳动的过程中，所应遵循的与其职业活动紧密联系的道德原则和规范的总和。不同时代和不同职业都有其相应的道德原则和特殊的行为规范。职业道德是社会道德的重要组成部分，它作为一种社会规范，具有具体、明确、针对性强等特点。人们在长期的职业实践中，逐步形成了职业道德观念、职业良知、职业自豪感等职业道德品质。

广义的职业道德是指从业人员在职业活动中应该遵循的行为准则，涵盖了从业人员与服务对象、职业与职工、职业与职业之间的关系。狭义的职业道德是指在职业活动中应遵循的，能体现职业特征和调整职业关系的职业行为准则和规范。职业道德的基本范畴包括职业义务、职业权利、职业责任、职业纪律、职业良知、职业荣誉和职业幸福。

2. 职业道德的作用

职业道德是社会道德体系的重要组成部分，它一方面具有社会道德的一般作用，另一方面又具有各个职业自身的特殊作用，具体表现在以下几个方面。

（1）调节职业交往中从业人员内部以及从业人员与服务对象间的关系。职业道德的基本职能是调节职能。它可以调节从业人员内部的关系，即运用职业道德规范约束职业内部人员的行为，促进职业内部人员的团结与合作。例如，职业道德规范要求各行各业的从业人员都要团结、互助、爱岗、敬业，齐心协力地为发展本行业、本职业服务。此外，职业道德还可以调节从业人员和服务对象之间的关系。

（2）有助于维护和提高本行业的信誉。一个行业、一个企业的信誉，也就是它们的形象、信用和声誉，是指企业及其产品与服务在社会公众中的被信任程度，提高企业的信誉主要依靠产品质量和服务质量，而从业人员职业道德水平高是产品质量和服务质量的有效保证。若从业人员职业道德水平不高，则很难生产出优质的产品和提供优质的服务。

（3）促进本行业的发展。行业、企业的发展有赖于较高的经济效益，而较高的经济效益源于较高的员工素质。员工素质主要包括知识、能力、责任心三个方面，其中责任心是最重要的。职业道德水平高的从业人员必然拥有高度的责任心，因此，职业道德能促进本行业的发展。

（4）有助于提高全社会的道德水平。职业道德是整个社会道德的主要内容。职业道德一方面涉及每个从业者如何对待职业，如何对待工作，同时也是从业人员生活态度、价值观念的体现；职业道德是一个人道德意识、道德行为发展的成熟阶段，具有较强的稳定性和连续性。另一方面，职业道德也是一个职业集体，甚至一个行业全体人员的行为表现，如果每个行业、每个职业的从业者都具备优良的道德，这对于整个社会道德水平的提高肯定会发挥重要作用。

三、加强职业道德修养

1. 遵守职业道德的必要性

（1）有利于提高茶艺师的道德素质和修养。良好的职业道德素质和修养是茶艺师必须具备的基本素质，职业道德不仅能够激发茶艺师的工作热情，还能帮助茶艺师形成使命感和责任感，让茶艺师更加主动地学习茶艺知识、提高自身业务水平，用更高的服务质量回馈消费者。

（2）有利于形成茶艺行业良好的职业道德风尚。茶艺行业作为中国茶文化的体现与传承，需要树立起良好的职业道德风尚，这也要求必须加强茶艺师职业道德教育。只有茶艺师崇尚职业道德、遵守职业道德，才能在整个茶艺行业中营造良好的学习氛围，从而养成良好的职业道德习惯，帮助茶艺行业形成良好的职业道德风尚。

（3）有利于促进茶艺事业的发展。茶艺师遵守职业道德不仅有利于提高茶艺师的个人修养，形成茶艺行业良好的道德风尚，而且能够提高茶艺师的工作效率，提高经济效益，从而促进茶艺事业的发展。茶艺师的职业道德水平直接关系到茶艺师的精神面貌和行业形象，奋发向上、精神饱满的状态和良好的行业形象，能够提高社会对茶艺师的认同度，使茶艺事业得到长足有效的发展。

2. 职业道德的基本准则

（1）遵守职业道德原则。职业道德原则是指职业活动中最根本的职业道德规范，是指导整个茶艺活动的总体方针，是茶艺师进行职业活动的指导思想，也是对每个茶艺从业人员的职业行为进行职业道德评价的基本标准。同时，职业道德原则还是茶艺师从事茶艺活动动机的体现。

（2）热爱茶艺工作。热爱本职工作是职业道德最基本的要求。茶艺从业人员承载着弘扬中国茶文化的巨大使命，应当对茶艺事业的性质、任务及其社会作用和道德价值等进行深入了解。茶艺事业是中国茶文化的具体体现，能促进中国优秀传统文化的交流与发展，丰富人们的物质生活，满足人们的精神需要。形式多样的茶文化交流活动，还能帮助国人乃至各国人民之间加强相互了解，增进友谊。因此，茶艺事业的社会作用是巨大的。

（3）不断提高服务质量。茶艺师应具备认真负责、积极主动的服务态度。服务态度是服务质量的基础，优质的服务是从优良的服务态度开始的。服务态度是指茶艺师在接待品茶对象时所持的态度，一般包括心理状态、面部表情、形体动作、语言表达、服饰打扮等。服务质量是指茶艺师在为品茶对象提供服务的过程中所应达到的要求，一般应包括服务的准备工作、品茗环境的布置、操作技巧等。

在茶艺服务中，服务态度和服务质量具有特别重要的意义。首先，茶艺服务是茶艺师与品茶者之间的一种直接的、面对面的服务。其次，茶艺服务不单指物质上的服务，更应该让品茶者感受到精神上的享受。最后，茶艺服务提供的产品在服务的过程中被消费者享用了，所以要求一次性达标。从茶艺服务的整体性发展来看，也要重视服务态度的改善和服务质量的提高，使茶艺师增强职业道德感和职业敏感性，形成高尚的职业风格和良好的职业习惯。

3. 培养职业道德的途径

（1）强化道德意识，提高道德修养。茶艺师应该深刻认识到其职业的崇高意义，时刻不忘自己的职责，并把它转化为高度的责任感，从而形成强大的动力，不断激励和鞭策自己做好各项工作。茶艺师应该明白，良好的言行会给品茶的宾客送去温馨和快乐，而不良的言行会给他们带来不悦。所以，茶艺工作者应做到谨言慎行，时刻调节好自己的情绪，注意言行举止，使自己的言行符合职业道德规范。

此外，茶艺师还应做到“慎独”，慎独讲究个人修养，看重个人操守，是个人风范的最高境界。茶艺师应自重自爱，时时刻刻都应按照职业道德规范严格要求自己，对工作尽职尽责。

（2）积极参加社会实践，做到理论和实际相结合。学习了正确的理论并用它来指导实践是培养职业道德的根本途径。马克思主义伦理学认为，社会实践在道德修养过程中具有决定性的意义。践行道德修养必须做到理论联系实践。

理论从实际中来，并接受实践的检验。这要求茶艺从业人员要努力掌握马克思主义的立场、观点和方法，密切联系当前的社会实际、茶艺活动的实际和自己的思想实际，加强道德修养。茶艺师只有在实践中时刻以职业道德规范来约束自己，才能逐步形成良好的职业道德品质。

（3）开展道德评价，检点自己的言行。正确开展道德评价既是形成良好风尚的精神力量，是促使道德原则和规范转化为道德品质的重要手段，又是提高道德修养的重要途径。道德评价是道德领域里的批评与自我批评。正确开展批评和自我批评，既可以在茶艺师之间进行相互监督和帮助，又可以促进个人道德品质的提高。

对于提高茶艺师的道德品质和修养来说，自我批评尤为重要，这种修养方法从古至今都具有深刻意义。

课程 1-3　职业守则

职业守则是职业道德的基本要求在茶艺服务活动中的具体体现，也是职业道德基本原则的具体化和补充。因此，它既是每个茶艺师在茶艺服务活动中必须遵循的行为准则，又是人们评判茶艺师职业道德行为的标准。

一、热爱专业，忠于职守

热爱专业是职业守则的首要标准，只有对本职工作充满热情，才能积极、主动、创造性地开展工作。茶艺工作是社会经济活动的一个组成部分，做好茶艺工作，有利于提高从业人员的收入，促进茶行业市场的繁荣。茶艺工作还是中国茶文化的体现和传承，能够帮助推广和宣传中国茶文化，弘扬中华优秀传统文化。茶艺工作在促进社会物质文明和精神文明的发展、加强与世界各国人民的友谊等方面，都有极其重要的现实意义。因此，茶艺师要认识到茶艺工作的价值，热爱茶艺工作，了解本岗位的职责、要求，以高水平完成茶艺服务任务。

二、遵纪守法，文明经营

茶艺工作有其独有的职业纪律要求。职业纪律是指茶艺从业人员在茶艺服务活动中必须遵守的行为准则，它是正常进行茶艺服务活动和履行职业守则的保证。

职业纪律包括劳动、组织、财物等方面的要求。茶艺师在服务过程中要有服从意识，听从指挥和安排，使工作处于有序状态，并严格执行各项规章制度，如考勤制度、安全制度等，以确保工作成效，要做到不侵占公物、公款，爱惜公共财物，维护集体利益。

此外，茶艺工作应该重视服务对象的消费体验，以服务对象的满意为最终目的。因此，茶艺师在茶艺工作中要方便宾客，为宾客排忧解难，尽力满足宾客的合理需求，维护宾客的利益，做到文明经营。

三、礼貌待客，热情服务

礼貌待客、热情服务是茶艺工作最重要的业务要求和行为规范之一，也是茶艺师职业道德的基本要求之一。它体现出茶艺师对工作的积极态度和对他人的尊重，这也是做好茶艺工作的基本条件。

（1）文明用语，和气待客。文明用语是茶艺师在接待宾客时需要使用的一种礼貌性语言。它是茶艺师用来与宾客进行交流的重要工具，同时又具有体现礼貌和提供服务的双重特性。

茶艺师在与宾客交流时要讲究语气平和、态度和蔼、热情友好，这一方面是来自茶艺师的内在素质和敬业精神，另一方面也要求茶艺师在长期的工作中不断训练自己，运用好语言这门艺术，更好地感染宾客，从而提高服务质量和服务效果。

（2）整洁的仪容、仪表，端庄的仪态。在与人交往的过程中，仪容、仪表常常是留给人的“第一印象”。待人接物时，一举一动都会产生不同的效果。对于茶艺师来说，整洁的仪容、仪表，端庄的仪态不仅是个人修养问题，也是服务态度和服务质量的一部分，更是职业道德规范的重要内容和要求。茶艺师在工作中保持精神饱满、全神贯注的状态，会给宾客以认真负责、值得信赖的感觉。另外，茶艺师整洁的仪容、仪表，端庄的仪态也体现出对宾客的尊重和对本行业的热爱，能够给宾客留下一个美好的印象。

（3）尽心尽职，态度热情。茶艺师要在茶艺服务中充分发挥主观能动性，用最大的努力尽到自己的职业责任，处处为宾客着想，使他们体验到标准化、制度化、规范化、人性化的茶艺服务。同时，茶艺师要在实际工作中倾注极大的热情，耐心周到地把现代社会人与人之间平等、和谐的良好人际关系，通过茶艺服务传达给每一位宾客，使他们感受到服务的温馨。

四、真诚守信，一丝不苟

真诚守信、一丝不苟是做人的基本准则，也是一种社会公德。对茶艺师来说它是一种职业态度，其基本作用是建立自己的信誉，树立起值得他人信赖的道德形象。

如果茶艺师不注重为宾客服务，不重视茶品的质量，而只是一味地追求短期经济利益，那么这个茶艺馆和茶艺师就会信誉扫地，无法长期经营。反之，茶艺师越是重视茶品质量，越是重视自己的职业道德修养和服务态度，就越会赢得更多宾客的信赖。

长此以往，就会在市场竞争中占据优势。

五、钻研业务，精益求精

钻研业务、精益求精是对茶艺师在业务上的要求。茶艺师要为宾客提供更加优质的服务，就必须具有丰富的业务知识和高超的操作技能。另外，茶艺师还应具有工匠精神。工匠精神是一种职业精神，是社会文明进步的重要标志，是职业道德、职业能力、职业品质的体现，也是从业者职业价值取向和职业行为的表现。茶艺师在工作中面对宾客时，应当注重细节、追求卓越，不断改进茶艺操作技能，完善茶艺服务水平，做到精益求精。

作为一名茶艺师，要主动、热情、耐心、周到地接待宾客，了解不同品茶对象的品饮习惯和特殊要求，熟练掌握不同茶品的沏泡方法。这与茶艺师日常不断钻研业务、精益求精有很大关系。茶艺师不仅要有正确的动机、良好的愿望和坚强的毅力，还要有正确的学习途径和方法。学好茶艺的有关业务知识和操作技能有两个途径：一是从书本中学习，二是向前辈学习，从而积累丰富的业务知识，提高技能水平，并在实践中加以检验。茶艺师只有以科学的态度认真对待自己的职业，才能练就过硬的基本功——茶艺的操作技能，从而更好地适应茶艺工作。

模块 2

茶文化基本知识

课程 2-1　中国茶文化

一、中国使用茶的源流

茶原产于中国，中国也是世界上最早发现和利用茶的国家。我们聪明勤劳的先祖在社会发展的进程中将茶的功效和利用价值开发到最大，使得茶在中华文明史中扮演了相当重要的角色。茶的应用过程，大致可分为三个相互承接的阶段：食用、药用和饮用。食用是中华先祖认识茶的开始，药用奠定了茶的发展基础，最后，茶文化因饮用而得以发扬光大。对茶利用时期的划分并不是绝对的，在人类发现、利用茶的每一个历史阶段，都可能存在其他形式。就像当代茶的利用方式是以品饮为主，但茶依然有药用和食用的功能，因此，切不可将三者完全孤立来看。

1. 食用

早在原始社会，人们在野外捕猎动物和寻找植物的过程中，就已经把茶当成食物来食用，从咀嚼茶树的鲜叶逐渐发展到生煮羹饮，居住在我国云南的基诺族至今仍然保留着食用茶叶鲜叶的习惯。云南地区的傣族、哈尼族、景颇族还有将茶叶加工成竹筒茶（见图 2-1-1）作为菜肴的传统。晒干和风干也是人类最早对茶叶进行的简单加工方式。茶作为羹饮，《晋书》记载："吴人采茶煮之，曰茗粥。"傅咸《司隶教》曰："闻南方有以困，蜀妪作茶粥卖。"茶叶鲜叶用来煮粥调羹，可见在当时是一种流行的风气，到了唐代，依然有食用茗粥的习惯。

图 2-1-1　竹筒茶

2. 药用

关于茶叶药用的起源，大多数人都认为是从神农氏开始的。陆羽《茶经》曾引录《神农食经》："茶茗久服，令人有力、悦志。"也正是因此记载，陆羽认为："茶之为饮，发乎神农氏。"但大多数学者认为《神农食经》是秦汉时期的作品，只是托名神农氏而已。清代陈元龙所编的《格致镜原》中也曾引录道："《本草》：神农尝百草，一日而遇七十毒，得茶以解之。今人服药不饮茶，恐解药也。"虽然茶与神农氏的关系已无从考证，但是从这些记载中依然可以发现，中国人很早就发现了茶的药用功能，留下的相关记载更是数不胜数。

东汉华佗《食论》："苦茶久食，益意思。"《唐新修本草》："茗，苦搽。茗味甘苦，微寒，无毒。主瘘疮，利小便，去痰渴热，令人少睡。秋采之，苦搽主下气消食。"

早在秦汉时期，茶的药用价值便已被当时的医药典籍所收录记载，当时的人们已经认识到茶具有"醒酒、明目、少眠、益智、助消化"的作用。茶的药用价值在此后的数千年里，一直得到继承和发展。

3. 饮用

明末著名思想家顾炎武在他的著作《日知录》中提道："自秦人取蜀而后，始有茗饮之事。"他认为，茶作为饮品始于巴蜀。战国末期，秦统一中国，合并了巴蜀地区，自此，饮茶风气也开始逐渐往陕西、河南一带传播，逐渐传至全国。而茶能够被大范围推广的基础也是之前所说的茶的药用价值。正是因为茶具有"益思、少卧、轻身、明目"的药效，才决定了它具有广泛传播的价值，可以说，这个时候的茶主要还是作为药材传播至全国的。人们在长期把茶叶当作药材利用的过程中，逐渐发现了茶的饮用价值，慢慢走上了饮茶这一道路。

二、饮茶方法的演变

《茶经》记载："茶之为饮，……盛于国朝，两都并荆渝间，以为比屋之饮。"陆羽认为中国茶的历史可以上溯到神农时期，在漫长的历史发展过程中，茶经历了食用、药用到饮用的过程，到了唐代，茶作为饮品已经成为"比屋之饮"了。由此可见，古人饮茶风气之盛，比起今时今日甚至是有过之而无不及的。古人与今人的饮茶方式大不相同，那么古人是如何饮茶的，饮茶的方式、方法又是如何演变的呢？

1. 唐代煎茶

唐代以前，几乎没有任何文献资料来帮助人们了解古人是如何饮茶的。唐代诗人皮日休在《茶中杂咏》序中提到，饮茶方法的规范和独立应该始于陆羽，陆羽以前的人们饮茶与喝煮菜汤无异。

茶在唐代就已经是“国饮”了，上至王公贵族，下至平民百姓无不饮茶。唐代饮茶的方法是“煎茶”，又称“煮茶”和“烹茶”。

陆羽所提到的煎茶法是以饼茶作为原料，“煮茶”时，要先将储存的茶饼炙烤至热，然后将其碾磨成粉，放在一旁待用。古人“煮茶”，对用水是有严格要求的，讲究“用山水上，江水中，井水下”。还对水的沸腾程度提出了规范：“其沸，如鱼目，微有声，为一沸；边缘如涌泉连珠，为二沸；腾波鼓浪，为三沸。已上水老，不可食也。”元代画家赵原所作《陆羽烹茶图》如图 2-1-2 所示。

陆羽认为煮茶最忌水老，三沸以上的水便是不合格的煮茶用水。当水初沸时，要根据自己的口味酌量加入盐以调味。二沸时先舀出一瓢水，然后用竹夹搅拌锅中剩下的水，此时加入之前碾好的茶末迅速搅拌，等到三沸时加入之前舀出的那瓢水以止其沸，至此茶汤出其精华，茶也已经煮好了。

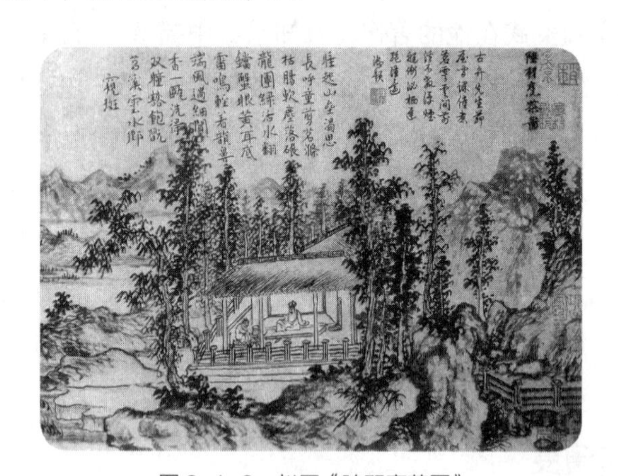

图 2-1-2　赵原《陆羽烹茶图》

陆羽不仅对煮茶相当重视，对斟茶、饮茶方法也有具体的要求。斟茶讲究“凡酌，置诸碗，令沫饽均。沫饽，汤之华也。”陆羽认为茶汤的精华就是沫饽，所以斟茶时一定要将沫饽分配均匀。此外，陆羽还提出了一些注意事项，如“第一煮水沸，而弃其沫，之上有水膜，如黑云母，饮之则其味不正。”第一煮的茶汤三沸之后，要将其沫去掉，因为上面有一层像黑云母一样的水膜。如果不去掉，就会影响茶汤的味道。还有“第一者为隽永，或留熟盂以贮之，以备育华救沸之用。”从锅中倒出的第一碗茶汤是“隽永”，意思是最美好的茶汤，应该用熟盂把它储存起来，在煮茶最后一个步骤有“育华救沸”的作用。

陆羽以上提及的煮茶方法只是当时的一种，还有一些其他的饮茶方式，如“乃斫、乃熬、乃炀、乃舂，贮于瓶缶之中，以汤沃焉，谓之痷茶。或用葱、姜、枣、橘皮、茱萸、薄荷之等，煮之百沸，或扬令滑，或煮去沫。”把茶叶斫开，以煎熬、炙烤、捣碎的方法处理后放进瓶罐中，用滚沸的水冲泡。这种方法与如今泡饮法类似。还有一种方法是用葱、姜、枣、橘皮、茱萸、薄荷等香料和茶一起久煮。陆羽认为这些饮茶方式所得茶汤是“斯沟渠间弃水耳”。

2. 宋代点茶

中国茶史历来有“兴于唐，盛于宋”的说法，唐代的辉煌之后，中国茶饮虽经历了五代十国时期的纷争乱局，但并未因此沉寂，反而得到了持续的发展。到了宋代，制茶技术更是发展迅速，这主要是由于当时的统治阶层对茶的需求扩大，贡茶的兴起带动了整个制茶技术的快速发展。当时成立了专门的贡茶院，派专员督造，促使了茶叶生产的不断发展。

北宋年间，做成团片状的龙凤团茶盛行。熊蕃所著《宣和北苑贡茶录》（见图 2-1-3）曾记述“太平兴国初，特置龙凤模，遣使即北苑造团茶，以别庶饮，龙凤茶盖始于此。”宋代北苑贡茶的制法基本上没有超越唐代制造饼茶的方法，但相较于唐代制法，北苑贡茶更加精巧细致，制作工艺也更加精良考究。

宋代不仅制茶上与唐代有所区别，饮茶方式上也有很大改变。首先，最大的变化是由“煮”入“点”，就是从锅中煮茶分与各盏变成一盏一点。其次是舍弃了煮茶需要加入调料——盐这一环节。点茶的准备过程基本与煮茶无异，需要炙茶、碾茶、候水等，但增加了熁盏这一环节，目的是使点茶所用的盏受热，如果茶盏是凉的，就会影响点茶的质量。

蔡襄《茶录·点茶》记载：“茶少汤多，则云脚散；汤少茶多，则粥面聚。钞茶一钱匕，先注汤调令极匀，又添注之，环回击拂。汤上盏可四分则止，视其面色鲜白，著盏无水痕为绝佳。”

点茶之时，先将碾磨好的茶末取出一钱匕，置于盏中，加少许水调膏。然后一只手提壶注入热水，另一只手持茶筅不停旋转击打和拂动茶盏中的茶汤，使之泛起汤花，汤花越多、颜色越好，便越是好茶。斗茶往往也以汤花的颜色和汤花咬盏时间来评定胜负。汤花鲜白、咬盏时间长、不早散开露出水痕便是佳品。

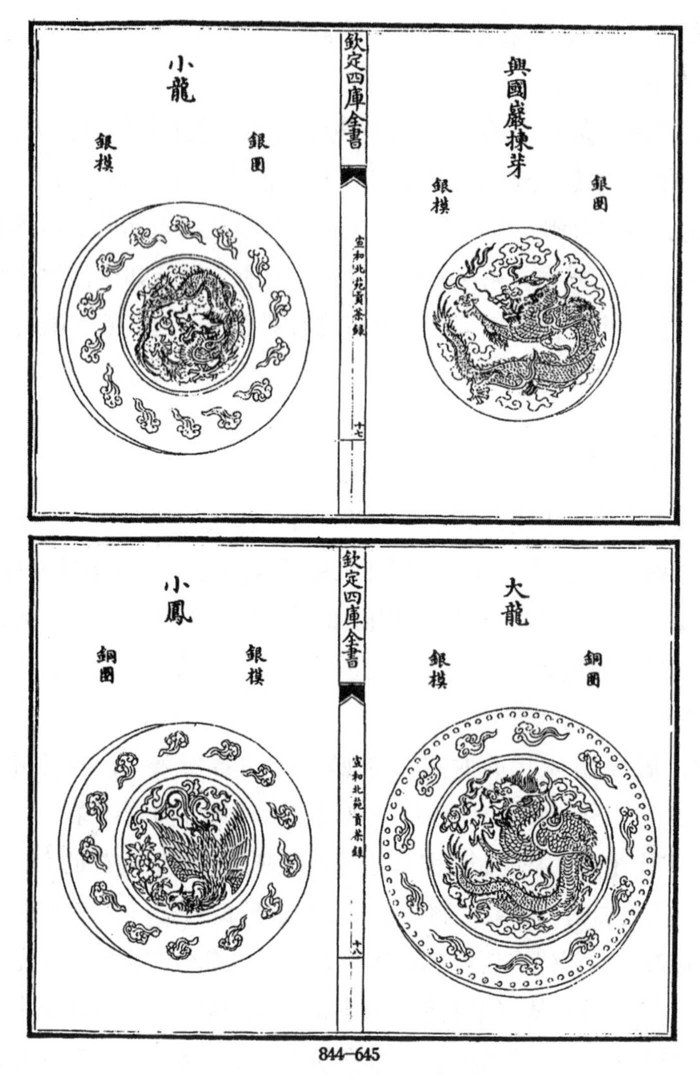

图 2-1-3　熊蕃《宣和北苑贡茶录》

宋代流行斗茶，评判优劣的重要特征就是点茶的颜色。宋徽宗赵佶就曾在其《大观茶论》中详谈点茶颜色的高低："点茶之色，以纯白为上真，青白为次，灰白次之，黄白又次之。"当时为了方便看点茶汤色，还带动了建阳地区建盏的发展。建盏是黑瓷的代表作之一，因茶色白，黑瓷能更好地表现茶的汤色。

宋人对汤色的要求有其理论依据，因为点茶的颜色能暴露制茶工艺的问题。"天时得于上，人力尽于下，茶必纯白。天时暴暄，芽萌狂长，采造留积，虽白而黄矣。青白者，蒸压微生；灰白者，蒸压过熟。压膏不尽则色青暗，焙火太烈则色昏赤。"赵佶认为，只有天时、人力均到位时，茶汤才会纯白；如果发芽过长或者采造时间相隔太久，茶色便会白中带黄；蒸压时火候不到位汤色就会青白；火候一过，汤色又会变得灰白；入榨压膏时没有压尽，汤色则会青暗；焙茶时火太大就会使汤色变得昏红。

斗茶促进了宋代茶业的发展，不仅庙堂之上以斗茶为乐，民间更是大相效仿。正是因为斗茶的盛行，宋代的茶叶制造才走向了另一个极端。

宋代中期，经过丁谓、蔡襄的改革，北苑贡茶的工艺得到进一步发展，除了烦琐的制作技艺以外，还在茶中加入了各种金彩香料，使茶变得更加奢华珍贵。蔡襄《茶录》中提道“茶有真香，而入贡者微以龙脑和膏，欲助其香。”《宣和北苑贡茶录》也曾载相关制法：“宣和庚子岁，漕臣郑公可简始创为银线水芽。盖将已拣熟芽再剔去只取其心一缕，用珍器贮清泉渍之，光明莹洁，若银线然。其制方寸新銙，有小龙蜿蜒其上，号龙团胜雪。又废白的、石三乳，鼎造銙二十余色。初，贡茶皆入龙脑，至是虑夺真味，始不用焉。”明代许次纾在《茶疏》中也指出：“古人制茶，尚龙团风饼，杂以香药。蔡君谟诸公，皆精于茶理。居恒斗茶，亦仅取上方珍品碾之，未闻新制。若漕司所进第一纲，名北苑试新者，乃雀舌、冰芽。所造一夸之直，至四十万钱，仅供数盂之啜，何其贵也。然冰芽先以水浸，已失真味，又和以名香，益夺其气，不知何以能佳。”从这些记载中可以看出，宋代贡茶已经奢靡成风，制造不计成本，庙堂如此，民间也皆以斗茶攀比。如此制茶，不仅劳民伤财，更是早已失去茶之真味。正是在这种环境下，明代泡饮法开始登上历史舞台。

3. 明代泡饮法

宋代制茶工艺日渐奢靡，制茶时杂和各种名贵香料，更是破坏了茶的本味。到了明代，明太祖朱元璋深感龙凤团茶劳民伤财，于是下令罢造龙团。明代沈德符所著《万历野获编・补遗》里就曾记载“国初四方贡茶，以建宁阳羡为上，犹仍宋制，碾而揉之，为大小龙团。洪武二十四年九月，上以重劳民力，罢造龙团，惟采茶芽以进。其品有四：曰探春、先春、次春、紫笋。茶加香味，捣为细末，已失真味。今人惟取初萌之精，汲泉置鼎，一瀹便饮，遂开千古茗饮之宗，不知我太祖实首辟此法。陆羽有灵，必俯首服。蔡君谟在地下，亦咋舌退矣。”

虽然沈德符对朱元璋这一举措的评价有吹捧的嫌疑，但不可否认的是，朱元璋的茶叶改革措施对古代茶叶事业的发展来说，贡献确实是巨大的。它确立了以后散茶的主体地位，我国各产茶地区的茶叶特色开始慢慢显现出来，为日后茶类的百花齐放奠定了基础。明代泡饮法还有另一个推动者，就是朱元璋的儿子——宁王朱权。朱权提出：“盖羽多尚奇古，制之为末，以膏为饼。至仁宗时，而立龙团、凤团、月团之名，杂以诸香，饰以金彩，不无夺其真味。然天地生物，各遂其性，莫若叶茶；烹而啜之，以遂其自然之性也。”他认为茶是天地生物，有其真香和本性，如果杂以其他诸香或是加饰以金彩的话，就会破坏茶的本性。当时的饮茶方式主要还是点茶法，但朱权所提倡的简易饮茶法及其崇尚叶茶的思想对泡饮的流行产生了重要的影响。

泡饮法的出现还有茶叶加工制造这一先决条件，自朱元璋罢团茶兴散茶之后，各式炒青制法相继发展，明代张源的《茶录》“造茶”一节中就记载了当时的炒青制法：“新采，拣去老叶及枝梗碎屑。锅广二尺四寸，将茶一斤半焙之，候锅极热始下茶。急炒，火不可缓。待熟方退火，彻入筛中，轻团那数遍，复下锅中，渐渐减火，焙干为度。中有玄微，难以言显。火候均停，色香全美，玄微未究，神味俱疲。”

许次纾在《茶疏》（见图 2-1-4）中“炒茶”一节中说道：“生茶初摘，香气未透，必借火力，以发其香。然性不耐劳，炒不宜久。多取入铛，则手力不匀，久于铛中，过熟而香散矣。甚且枯焦，尚堪烹点。炒茶之器，最嫌新铁。铁腥一入，不复有香。尤忌脂腻，害甚于铁，须豫取一铛，专用炊饮，无得别作他用。炒茶之薪，仅可树枝，不用干叶，干则火力猛炽，叶则易焰易灭。铛必磨莹，旋摘旋炒。一铛之内，仅容四两。先用文火焙软，次加武火催之，手加木指，急急钞转，以半熟为度，微俟香发，是其候矣。急用小扇钞置被笼，纯棉大纸衬底燥焙积多。候冷，入瓶收藏。人力若多，数铛数笼，人力即少，仅一铛二铛，亦须四五竹笼。盖炒速而焙迟，燥湿不可相混，混则大减香力。一叶稍焦，全铛无用。然火虽忌猛，尤嫌铛冷，则枝叶不柔。以意消息，最难最难。”上述记载表明，明代的制茶工艺相比唐宋时，已经有了新的发展，特别是运用高温杀青的炒青制法，大大地增加了绿茶的色、香、味。这些史料中记载的关于炒青火候的掌握、炒茶的手法、投叶的数量，特别是防焦、防沾染异味、防吸收水分等方面的知识，至今都还具有实用价值。

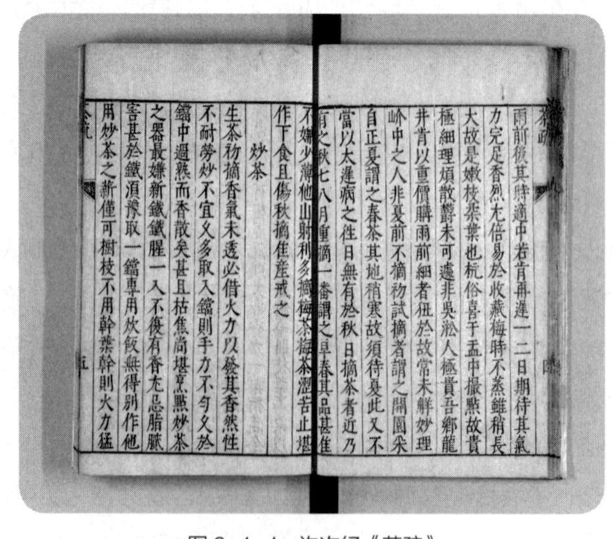
茶疏

雨前後其時適中若肯再遲一二日期待其氣
力完足香烈尤倍易於收藏梅時不蒸雖稍長
大故是嫩枝柔葉也杭俗喜于盂中撮點故貴
極細理煩散鬱未可遽非吳淞人極貴吾鄉龍
井肯以重價購雨前細者狃於故常未解妙理
岕中之人非夏前不摘初試摘者謂之開園采
自正夏謂之春茶其地稍寒故須待夏此又不
當以太遲病之往日無有於秋日摘茶者近乃
有之秋七八月重摘一番謂之早春其品甚佳
不嫌少薄他山射利多摘梅茶梅茶澀苦止堪
作下食且傷秋摘佳產戒之

炒茶

生茶初摘香氣未透必借火力以發其香然性
不耐勞炒不宜久多取入鐺則手力不勻久於
鐺中過熟而香散矣甚且枯焦尚堪烹點炒茶
之器最嫌新鐵鐵腥一入不復有香尤忌脂膩
害甚於鐵須豫取一鐺專用炊飯無得別作他
用炒茶之薪僅可樹枝不用幹葉幹則火力猛

茶疏　五

图 2-1-4　许次纾《茶疏》

明代冯可宾在《岕茶笺》中提道："论烹茶，先以上品泉水涤烹器，务鲜务洁；次以热水涤茶叶，水不可太滚，滚则一涤无余味矣。以竹箸夹茶于涤器中，反复涤荡，去尘土、黄叶、老梗净，以手搦干，置涤器内盖定。少刻开视，色青香烈，急取沸水泼之。夏则先贮水而后入茶，冬则先贮茶而后入水。"从冯可宾的这段记载里可以确定，当时的饮茶方式是泡饮，具体的方法则是先用上品泉水将茶器冲洗干净，再用热水洗茶，将茶中的尘土、黄叶、老梗去尽，然后用手握干放入茶器中盖好，最后用沸水冲泡。而且夏天要先倒水后投茶，冬天则是先投茶后倒水。

明代徐渭《煎茶七类》中"煎点"一节也提到"候汤眼鳞鳞起，沫饽鼓泛，投茗器中。初入汤少许，俟汤茗相投即满注。云脚渐开，乳花浮面，则味全。盖古茶用团饼碾屑，味易出。叶茶骤则乏味，过熟则味昏底滞。"这里的泡茶方式是将水烧沸，将茶投入茶具中，先少倒一部分水，等茶和水相融，再倒满水，这与如今泡饮绿茶的"中投法"几无二致。

泡饮方式的崛起，也为此后的茶具发展带来了巨大的变化。明代中期以后，斗茶所用的建盏逐渐没落，在泡饮中能够帮助增加茶香、茶味的紫砂壶开始登上历史舞台。

三、茶文化基本精神

人类对文化的理解从古至今都未曾有一个统一的说法。如今对文化的定义，通常有广义和狭义之分。广义的文化是指人类社会历史实践过程中所创造的物质财富和精神财富的总和。狭义的文化是指社会的意识形态以及与之相适应的制度和组织机构。通俗地讲，广义的文化认为人类在改造自然和社会过程中所创造的一切都属于文化的范畴。而狭义的文化则是指人类社会的精神财富，如文学、艺术、教育、科学、社会制度、组织机构等。

同理，茶文化也存在广义和狭义之分。广义的茶文化是指整个茶叶发展历程中物质财富和精神财富的总和。狭义的茶文化则专指其"精神财富"部分。

广义的茶文化是一个综合的概念，它分为茶的物态文化、制度文化、民俗文化和精神文化。首先，茶是茶文化形成的基础和实际载体。其次，茶在长期的社会发展过程中扮演了重要的角色，因此产生了一系列与茶有关的制度、习俗及行为。最后，茶在长期的应用过程中孕育出了一些价值观念、审美意趣、思维方式等主观因素。这些都应该被包含在茶文化这个大的体系当中。

茶文化中的物态文化包含茶叶的栽培、制造、储存方式、疗效的研究以及品茶过程中茶叶、水、茶具、茶室空间、茶席等实际物品所产生的文化符号。茶的物态文化特点是文化与载体紧密联系，而且均有其专门之学，如茶叶的制作技艺、茶叶用水的选择等。

茶文化中的制度文化是指人们在社会发展过程中为茶叶生产、消费等过程规定的社会行为制度规范。例如，“贡茶、榷茶、茶引、茶马互市”等政策、制度，以及辽金时期的禁茶和明代的严禁私茶等官方对茶叶贸易做出的限制措施。这些政治措施和手段统称为“茶政”，形成了茶文化中的制度文化。

茶文化中的民俗文化是指在社会发展过程中人们对茶叶产生的约定俗成的行为模式，例如，宋代《南窗纪谈》里提道：“客至则设茶，欲去则设汤，不知起于何时。然上自官府，下至闾里，莫之或废。”说明客来敬茶是我国的传统礼节和习俗。又如，民间旧时行聘以茶为礼，称茶礼，送茶礼叫下茶，古时谚语曰“一女不吃两家茶”，即女方收了茶礼便不能再接受别家聘礼。还有以茶敬佛、以茶祭祀等习俗。

茶文化中的精神文化则是人们在茶叶的应用过程中孕育出来的价值观念、审美情趣、思维方式等主观因素。例如，茶诗、茶文，以及人们在品饮茶汤时生发的丰富联想，甚至将饮茶与人生处世哲学相结合，上升至哲理高度，形成茶德、茶道、茶艺等。

广义的茶文化中茶的物态文化早已形成一门系统学科——茶叶科学，简称茶学，茶的制度文化属于经济史学科研究范畴，茶的民俗文化属于民俗文化研究的范畴。所以，茶文化在很多时候是指茶的精神文化，也就是前面讲的狭义茶文化，这是茶文化的最高层次，也是茶文化的核心部分。

茶艺与茶道精神是中国茶文化的核心。茶艺可总结为泡茶的技艺和品茶的艺术。茶道是指在操作茶艺过程中所追求、体现的精神境界和道德风尚。茶道的基本精神就是茶文化的基本精神，而茶道的基本精神体现为以下四点。

1. 中和之道

“中和”为中庸之道的主要内涵。儒家认为若能“致中和”，则宇宙万事万物均能各得其所，达到统一与和谐的境界。人们常常把这种相对的和谐作为一种理想的境界。“文质彬彬，然后君子”，人的生理与心理、心理与伦理、内在与外在、个体与群体都达到高度和谐统一，是古人追求的理想境界。“和”是中国茶道精神的核心，“和”代表天和、地和、人和。中国茶道通过茶这个载体传播和传承和谐之意，以茶致和、以茶促和、人茶和谐，进而达到天人合一的和谐之美。

2. 自然之性

“自然”一词最早见于老子《道德经》：“人法地，地法天，天法道，道法自然。”

这里的自然具有两方面的意义：一是天地万物，二是在自然中产生的人性。就第一个意义来说，自然是人类生存的整个宇宙空间，是天地日月、风雨雷电、春夏秋冬、花鸟虫鱼。就第二个意义来说，自然又是人们在大自然中获得的思想和艺术启示，是人在自然境界里的思想升华。

中国茶道一向崇尚自然，茶从自然中来，是自然之性的本质体现。表现为自然植物之茶，保留自然之本性，通过自然之水——山泉，自然之器——陶瓷、自然之景——旷野来与人的生理满足和审美愉悦相融合，是人与自然和谐相处的典范。

3. 清雅之美

“清”可指物质的环境，也可以指人格的清高。清高之人于清净之境品饮清澈茶汤，茶道之意也就呼之欲出了。“雅”可以雅俗并称，可以有“高雅”“文雅”等多种意义。清雅是茶艺和茶道精神的基本要求，清雅之美体现在环境要清静，茶品要清致，茶具要清洁，茶客要雅和，无清雅则无茶艺，自然也就达不到茶道的境界。

4. 明伦之礼

礼仪是人类的一种形式化了的行为体系。中国数千年的社会发展史，可以说就是一个礼制发展的历史。礼制的产生与中华文明、国家的形成有着直接的内在联系。历代封建统治者都是“礼义以为纪”，“礼”是用以维系社会专制秩序的基本制度和规则。在古代史中，茶与礼几乎是密不可分的。宋代官府就广泛采用以茶为礼的制度风俗，茶叶在赏赐、视学、出巡、外交、婚嫁、祭天、拜祖、供灵、劳军等诸多方面发挥着重要作用。

如今，茶艺更是无时无刻不在体现礼的精神，茶艺中宾主的寒暄、有序的动作、斟茶饮茶的流程、品饮的方式、细心周到的服务，都是礼的具体表现。

四、中国饮茶风俗

饮茶风俗是茶俗的重要组成部分之一。茶俗是在长期社会生活中逐渐形成的，以茶为主题或以茶为媒介的风俗、习惯和礼仪，是社会政治、经济、文化形态下的产物。它随着社会形态的演变而消长变化，在不同时代、不同地方、不同民族、不同阶层、不同行业，茶俗的特点和内容不同。茶俗主要包括茶叶生产习俗、茶叶经营习俗、茶叶品饮习俗等。

1. 不同历史时期的茶俗

（1）唐代及以前的茶俗。在唐代以前，文献中就有关于茶饮的相关风俗，如汉代开始有饮茶的记载，汉代时巴蜀地区饮茶已蔚然成风，甚至已经出现了茶叶贸易的固定场所。魏晋南北朝时期关于饮茶风俗的记载逐渐增多，但大多数茶饮还比较简单和粗糙。这一阶段，茶有时还被当作食物，茶俗文化尚处于初级阶段。隋代统一全国后，南北经济文化交流更加便利，饮茶风尚在北方进一步传播，为茶在唐代成为“比屋之饮”打下了坚实的基础。

唐代是中国历史上的鼎盛时期，物质文明和精神文明都达到了一个新的高度。经济的发展、茶叶消费的普及促进了茶业的兴旺，同时也促进了饮茶风尚的流行。

自《茶经》问世以后，茶叶制造加工以及饮茶方法才得到规范和重视，并日益讲究起来。《茶经》将饮茶的理论加以深化提高，使饮茶者通过品饮达到淡泊、宁静、超脱的精神境界，从而得到心灵上的愉悦，将日常生活中的普通饮茶行为提升为一种充满情趣和诗意的文化现象，使人们通过饮茶达到澄心静虑、畅心怡神的深层美学和文化层次，使饮茶这一活动具有了丰盈的美学趣味和深厚的文化内涵。

唐代饮茶主要采用煎茶法、用沸水浸泡的“痷茶”法，以及用各种香料混合煮的饮用方法。在陆羽的倡导下，社会各阶层对茶有了进一步的认识，喜欢饮茶的人越来越多。

（2）宋辽金元时期的茶俗。宋代是一个饮茶风俗极盛的朝代，饮茶是宋代人日常生活中不可缺少的一部分。宋代饮茶，一方面是文士追求的精致雅趣，如苏轼的“活水还须活火烹，自临钓石取深清”；另一方面是市井饮茶的琐碎日常，就像王安石提到的“夫茶之为民用，等于米盐，不可一日以无”。宋代人还创造了一些新的饮茶方式，如斗茶、分茶这种带有竞赛性和趣味性的品饮方式。

辽代与五代同始，与北宋同终，是契丹人建立的朝代。契丹人长期保持着游牧民族的风俗，多食乳肉，而乏菜蔬，饮茶可以帮助消化，又可清热解毒，于是在与中原地区的交往过程中，他们也渐渐有了饮茶的习俗，到后来发展到“一日不可无茶”的地步。中原地区有“客至则设茶，欲去则设汤”的传统，而辽人待客，则是与中原地区相反的“先汤后茶”。饮茶时，辽人将团茶用锯锯碎，“用银、铜执壶直接煨于炉口之上”煮饮。由于辽地处北方，人们以牛羊肉食为主，为了便于长途运输和储存，故流行紧压茶，饮茶时先将茶叶敲碎，放入锅内煮饮，有的还加入牛奶、羊奶，制成香浓的奶茶。

饮茶也是金朝各族人的习俗，饮茶之风在各阶层都很盛行，有些文人以茶代酒，品茶成癖，茶的地位可与酒相提并论，甚至高于酒。女真族在饮茶时还配以茶食，如蜜糕，茶食做得非常精致，“以松实、胡桃肉渍蜜，和糯粉为之，形或方或圆”，很有民族特色。

辽、金时期，由于茶叶多产于宋，饮茶需要与宋进行贸易，而大量的饮茶需求使得辽、金“商贾以金帛易之，是徒耗也”。所以辽、金时期还有禁止饮用茶和禁止茶叶贸易的法律，但是无论官方还是民间，饮茶之风犹存。

元代茶文化的发展起到承上启下的作用，饮茶习俗得以发展与创新，为明清饮茶习俗开辟了新途径。蒙古人最初的饮料为马奶酒，入主中原后，受各方面因素的影响，茶逐渐成为蒙古人日常止渴、消食的饮料，并形成具有蒙古特色的饮茶方式。例如，加入酥油并配以特殊作料的茶，以及炒茶、兰膏和酥签等。元代壁画《茶道图》如图 2-1-5 所示。

图 2-1-5　元代壁画《茶道图》

（3）明清时期的茶俗。明清时期是我国茶俗发展的重要时期，此时茶已逐渐走进了千家万户。明代倡导以散茶代替穷极工巧的饼（团）茶，以沸水冲泡的瀹饮法逐步代替传统的研末而饮的煎饮法，是具有划时代意义的变革。在清代，原有的各具地方特色的茶俗继续流传，而新兴的地方茶俗也日益丰富并沿袭至今，如广州的吃早茶、潮汕和闽南地区的工夫茶等。

（4）现当代茶俗。现当代茶业领域迅速拓展，茶文化呈现出前所未有的锐气和活力。茶文化旅游兴起，人们逐渐走入产茶名山，走进茶园，体验亲手采茶、制茶的乐趣，参观茶叶博物馆，了解茶文化历史，观看茶艺表演，品尝各地名茶等。较为流行的饮茶方式有北京的大碗茶、四川的盖碗茶等。

2. 不同阶层的茶俗

（1）宫廷茶俗。宫廷茶俗指的是中国古代宫廷贵族阶层所享有的茶事活动，宫廷茶事不仅仅是一项品饮茶的活动，更是宫廷政治生活的组成部分，相关的宫廷茶事都被赋予了政治意义。例如，迎送使臣、表彰庆典，用宫廷茶仪表示隆重和重视；对一些大臣赐茶，表示皇帝的嘉奖和宠信。

宫廷茶俗所用茶具一般极尽贵重华丽，用茶更是精挑细选，茶事活动过程中规矩森严。宫廷饮茶习俗形成于唐代，1987年法门寺地宫出土了唐僖宗李儇御用的茶事器具；宋徽宗赵佶更是亲自参与宫廷茶事活动，还为大臣亲自点茶；清代则是在宫中设立御茶房，主管宫廷茶事。宋代赵佶所作《十八学士图（局部）》如图2–1–6所示。

（2）文士茶俗。中国古代文人雅士与茶的关系更是密不可分，文士将饮茶从“柴米油盐酱醋茶”的生活习惯变成了“琴棋书画诗酒花茶”的高雅生活方式。不仅如此，中国古代文人更是创作了无数精美绝伦的茶诗、茶文，将饮茶从日常品饮活动上升为精神享受，为中国乃至世界茶艺、茶道精神都打下了坚实的基础。

文人饮茶不仅追求精神上的享受，还追求品饮过程的尽善尽美。从烹茶点茶方法的完善、茶具的发明创制，到适宜茶具的选择、烹茶用水的品评，再到品茶环境的要求等，这些茶事活动都是文人阶层率先提倡，再影响整个社会的。文人阶层的饮茶习俗对茶文化的诞生与发展做出了不可磨灭的贡献。明代仇英所作《烹茶论画图》如图2–1–7所示。

图2–1–6　赵佶《十八学士图（局部）》

图2–1–7　仇英《烹茶论画图》

（3）僧道茶俗。茶与佛教的关系极为密切，特别是在中国茶的制作技术上，有多位僧人做出了巨大的贡献。值得一提的是，茶圣陆羽也是在寺庙中长大的。他自小为师父煮水烹茶，从而形成了对茶叶的浓厚兴趣。茶的功效之一是提神，在寺院中，长期的打坐参禅需要茶来帮助提神，所以茶在佛教文化中占有突出的地位。因此寺院内多开辟茶园，研究、改良茶叶制法，积极传播饮茶风俗和饮茶文化。明代陈洪绶所作《参禅图》如图2–1–8所示。

中国本土宗教道教也很早就认识到茶的养生保健功效。道教认为茶是能够帮助修炼的灵丹妙药。在传说中，更是有人通过保持饮茶习惯达到道教羽化升仙的境界。所以道教中人将茶当成长生不老的仙丹。在道教的发展过程中，茶一直是道士修炼时的重要辅助手段，不仅因为茶的功效，也是因为饮茶后打坐有助于习道之人达到虚静玄远的境界。

（4）民间茶俗。民间茶俗是指源于民间，植根于民间，与百姓日常生活息息相关的饮茶习俗。民间茶俗包括日常家居饮茶、待客茶俗等。北宋朱彧《萍洲可谈》里记载待客茶俗："今世俗，客至则啜茶，……此俗遍天下。"北宋孟元老《东京梦华录》也曾记载当时民间茶俗："或有从外新来，邻左居住，则相借动使，献遗汤茶，指引买卖之类。更有提茶瓶之人，每日邻里互相支茶，相问动静。"江苏周庄镇一带流行一种"阿婆茶"的民间茶俗，是妇女们参加的活动。阿婆们轮流做东请吃茶，她们聚集在一起，一边做着针线活，一边说家常，一边喝茶、吃茶点。这是一种以茶进行社交的民间茶事活动。民间茶俗在不同时期、不同地区都有不同的方式方法，是市井生活中调节邻里关系、促进人情往来的必备手段。宋代《斗茶图》如图 2-1-9 所示。

图 2-1-8　陈洪绶《参禅图》

图 2-1-9 《斗茶图》

3. 不同文化的茶俗

（1）日常生活茶俗。中国人素有开门七件事"柴米油盐酱醋茶"之说，这证明在日常生活中人们处处离不开茶。中国人用茶来庆祝节日，用茶来祈求平安，用茶来进行社交联谊。在长期的社会发展过程中，形成了多种多样的茶俗。例如“寿礼茶”“满月茶”“上梁茶”“新居茶”“亲家茶”“元宝茶”“送茶料”“启蒙茶”“元宵茶”“七夕茶”“避邪茶”等。这些茶俗与每个普通人的生活都息息相关，也是中华茶文化在日常生活中最生动的体现。

（2）人生礼仪茶俗。唐代兴起的“茶礼”几乎成为婚俗的代名词。人们根据茶树不能移栽、移栽不能成活的特性，用茶来表示婚姻和爱情的坚贞不渝。千百年来，人们在定亲、嫁娶等方面，始终把茶叶当作媒介物和吉祥美满的灵物。例如，以前从订婚到完婚的各个阶段皆以茶命名。女方接受男方聘礼，叫“下茶”或“定茶”，有的叫“受茶”或“吃茶”。江浙一带，把整个婚姻的礼仪统称为“三茶六礼”。“三茶”指的是订婚时的“下茶”，结婚时的“定茶”，同房时的“合茶”。

（3）祭丧茶俗。“以茶为祭”是我国民俗文化的重要组成部分。在我国民间习俗中，茶与祭丧的关系十分密切。在人们心目中，茶叶是圣洁之物，膜拜神祇、供奉佛祖、追思先人之时，献上一杯清茶，以此来表达无限敬意，如以茶祭神灵、以茶祭祖、以茶祭丧及祭拜茶神等。

（4）茶馆茶俗。茶馆之风，历经千年而不衰。在唐代最早出现茗铺，主要供行人与过往商贾歇脚解渴。到了宋代，茶馆逐渐兴盛，且已具备多种功能，如休闲娱乐、商务交易、会友、信息传播等。明清市井文化的发展，使茶馆文化更加大众化。

4. 不同地区、民族的饮茶风俗

（1）擂茶。擂茶亦称“三生汤”，流行于我国南方客家人聚居地，尤其在湖南、湖北、江西、福建、广西、四川、贵州等地最为普遍，由于地区不同，可分为桃江擂茶、桃花源擂茶、安化擂茶、临川擂茶、将乐擂茶、土家族擂茶等。擂茶是客家人的传统饮茶习俗，以生茶叶、生姜、生米仁研磨配制后，加水烹煮而成。不同地区的擂茶其制法也不尽相同。各种擂茶除“三生”原料外，其他作料都各不相同，有的加芝麻，有的加花生、玉米，还有加白糖或食盐的。擂茶白似牛奶，滋味甜美，而且能提神去腻、清心明目、健脾养胃。擂茶是我国古代饮茶风俗习惯的延续，是古代饮茶方式的“活化石”。喝擂茶如图 2–1–10 所示。

（2）侗族打油茶。打油茶亦称“煮油茶”，在广西、湖南、贵州以及毗邻地区流传颇广，尤其在广西恭城最为普遍，用来日常饮用和招待客人。打油茶的制作工具是一口炒锅、一把竹篾编的茶滤和一只汤勺，用料有茶籽油、茶叶、阴米（糯米蒸熟晒干）或籼米、花生仁、黄豆等。讲究的打油茶配料更加丰富，会加入糯米圆、白糍粑、猪肝、粉肠等。制作打油茶时要先架锅生火，把菜籽油放入锅里，待有热气后即放入阴

图 2-1-10　喝擂茶

米，边放边捞出。阴米炸好后，再炸白糍粑，炒花生仁、黄豆，煮熟猪肝、粉肠等配料，并分别将其均匀地盛放到客人碗中。然后开始煮油茶水，把茶籽油倒入热锅，放一把阴米或籼米炒到冒烟，嗅到焦味时，将茶叶拌和焦米一起炒，待焦米冒出丝丝青烟后，倒入清水加少量食盐同煮，就煮成了油茶水。喝油茶时，人们围坐在火塘边，由掌锅的主妇统一分茶。用汤勺将沸茶水倒进装有各种配料的碗中，按照当地风俗，每人必须饮三碗，才算是对得起主人家的招待，故有“三碗不见外”之说，三碗打油茶一般是由两碗盐茶水和一碗糖茶水组成的。打油茶如图 2-1-11 所示。

图 2-1-11　打油茶

（3）白族三道茶、雷响茶。白族三道茶流行于云南大理白族聚居区，大约起源于公元 8 世纪的南诏国时期。“三道茶”为主人依次向宾客敬献苦茶、甜茶、回味茶三种。第一道茶为苦茶。先将烤茶用的小砂罐放在炭上预热，然后投入大理产的感通茶，用手不停地抖动砂罐，待茶叶的颜色呈微黄并散发出焦香味时，立即冲入沸水，然后斟入小茶盏，敬献给宾客。这道茶以浓酽为佳，故曰苦茶。第二道茶为甜茶，用料讲究，制作复杂。以下关沱茶、朵美红糖、邓川乳扇、漾濞核桃为主要材料，配以生姜片、白糖、蜂乳、炒熟的白芝麻等辅料，注入开水即成甜茶。饮用时需以汤匙相助，边嚼边饮，或以橄榄、菠萝等茶点相佐。这道茶香甜可口、营养丰富，故称甜茶。第三道茶为回味茶。先将麻辣桂皮、花椒、生姜片放入水里煮，将煮出的汁液倒入杯内，再加入苍山雪绿茶和蜂乳就可饮用。饮后顿觉香甜苦辣四味俱全，让人回味无穷，故称回味茶。白族三道茶不仅是白族人民日常生活的一部分，而且是逢年过节、结婚喜庆、宾客来访时必不可少的礼仪之一，并常伴以白族民间的诗、歌、乐、舞烘托气氛。白族人向宾客敬三道茶如图 2–1–12 所示。

图 2–1–12　白族人向宾客敬三道茶

雷响茶是云南白族人待客的另一种茶。白族人家里来客时，主人把鲜茶投入砂罐中烘烤，烘烤出焦香味后，再冲入沸水，这时罐内发出雷鸣似的响声，引来宾客们开心大笑，白族人认为这是吉祥美好的象征。等茶再煮片刻之后，主人将茶倒入茶盅，双手献给宾客饮用。白族雷响茶茶汁味苦，但饮后有回甘，令人回味无穷。

（4）傈僳族雷响茶、油盐茶。居住在云南怒江一带的傈僳族也流行一种雷响茶，虽然与白族雷响茶名字相同，但其饮法却大相径庭。傈僳族雷响茶的饮用方式是用大瓦罐煨开水，用一个小瓦罐来烤饼茶。将茶烤出焦香味后，加入大瓦罐煨的开水中煎熬，煮开后滤去茶渣，将茶汤倒入酥油桶内，再加入酥油及炒热碾碎的核桃仁、花生米、盐巴或糖等，最后将钻有洞孔的鹅卵石用火烧红，放入装有茶汤的酥油桶内提高茶汤温度，以使酥油熔化。由于烧红的鹅卵石放入桶内后，会在桶内作响，犹如雷鸣，故此茶也称为雷鸣茶。响过之后，再用木杵在桶内上下搅动，使酥油与茶汁混合均匀，然后就可趁热饮用了。

傈僳族聚居区还流行一种古老的饮茶方法——油盐茶。制作油盐茶时要先把茶叶放进小土陶罐内，然后将陶罐放在火边烘烤，将茶叶烤得焦黄并带有焦香气，此时倒入开水冲泡，加入食用油和盐，再加开水煮沸即可。傈僳族人举行婚礼时要饮红糖油茶，该茶一般由女方家制作，将花生仁、芝麻、茶叶等碾碎后制成油茶，再加红糖配制而成。宾客在饮用之前必须先喝一杯苦味浓茶，以祝新婚夫妇同甘共苦、先苦后甜。

（5）纳西族“龙虎斗”。“龙虎斗”是云南丽江纳西族的一种富有传奇色彩的饮茶方式。制作时先把茶放入小土陶罐中，然后将陶罐放在火边烘烤，待茶烤得焦黄并散发出焦香后再注入开水熬煮，另在空茶杯中倒上小半杯白酒，待茶煮好后，将茶水冲入盛有白酒的茶杯，顷刻间杯子里即发出悦耳的响声。纳西族人把这种响声看作是吉祥的象征，响声越大，在场的人越高兴。此茶泡好后，茶香四溢，有的还要在茶水里加入一个辣椒，纳西族人以此茶待客，也用来治疗感冒。

（6）罐罐茶。云南省思茅地区各族人民世代沿袭着饮用罐罐茶的习俗。罐罐茶又称普洱烤茶，顾名思义，就是制作时要先用炭火烧罐，将茶放置到罐内烤香，再加水煮沸。饮时要往茶杯中注入清水，将浓茶汁兑清。普洱烤茶汤色红酽、滋味醇厚，具有提神生津、解热除疫的功效。生活在普洱茶乡的十几个少数民族均饮用此茶，且世代相传，久盛不衰。宁夏、甘肃、青海回族聚居地也流传着饮罐罐茶的习俗。茶叶一般为普通的炒青绿茶，煮茶的器具是当地的土陶罐。当地人认为土陶制品具有透气性良好、散热快、不易使茶汤变味等特点，因而有利于保香、保色和保味。煮茶时，先往罐内装小半罐水，放在火炉上煮，待水烧沸后投入茶叶，边煮边搅动。为了使茶汁充分煮出，要 2 分钟后再一次加水，且只能加至八成满，待再次滚沸后即煮成。

（7）藏族酥油茶。藏族人饮酥油茶的历史非常悠久。制作酥油茶时，要将砖茶捣碎放入锅内，加水煮沸熬成茶汁后，倒入木质或铜质的茶桶内，然后加适量的酥油和少量鲜奶，搅拌成乳状即成。饮用时倒入锅内或茶壶内，放在火炉上烧热、保温。想喝时倒上一碗，随取随饮，十分方便。也可以与糌粑混合成团，与茶共饮。藏族饮茶如图 2–1–13 所示。

图 2–1–13　藏族饮茶

（8）奶茶。维吾尔族、新疆哈萨克族、蒙古族人民都有饮用奶茶的习惯。维吾尔族奶茶的做法是先取适量的砖茶劈开敲碎，放入锅中加清水煮沸，然后加入鲜牛奶或已经熬好的带奶皮的牛奶，奶量以茶汤的五分之一为佳，再加入适量的盐，接着煮沸10分钟即可。北疆伊犁等地的妇女有吃茶的习惯，具体方法是在喝完奶茶的茶汤后，将沉在壶底的茶渣和奶皮一起咀嚼吃掉。

新疆哈萨克族聚居地区也饮奶茶，其制法与维吾尔族奶茶稍有不同。哈萨克族人制作奶茶时是将砖茶捣碎后放入壶中加水煮沸，然后另取一只壶将水烧开，倒入牛奶、羊奶和盐，再将熬好的茶水兑入饮用。

蒙古族也有饮用奶茶的习惯，制作方法是将青砖茶用砍刀劈开，放在石臼内捣碎后，置于碗中用清水浸泡。然后架锅烧水，水烧开后，将用清水泡过的茶叶倒入，用文火再熬3分钟，然后放入几勺鲜奶和少量食盐，锅开后即可用勺舀入各茶碗中饮用。如果水质较软，还要放入少许纯碱，以增加茶的浓度，使之更加有味。

（9）回族三炮台盖碗茶。三炮台盖碗茶亦称“三香碗子茶”，是回族聚居地区常见的饮茶方式。三炮台盖碗茶以茶具命名，一套完整的三炮台盖碗茶具由托盘、茶碗、碗盖三件组成。盖碗茶所用茶叶多为陕青、茉莉、龙井等细茶。夏季用青茶，冬季则用红茶。三炮台盖碗茶的一大特点是所用配料花样繁多，有白糖或红糖、花生仁、芝麻、红枣、桃仁、柿饼、果干、枸杞、桂圆等。花生仁、芝麻是事先炒熟的，如果讲究一些，连红枣也要事先用炭火烤焦，称焦枣。这种配料齐全的盖碗茶称为八宝盖碗茶。还有用陕青茶、白糖、柿饼、红枣沏泡而成的白四品盖碗茶，用砖茶、红糖、红枣、果干沏成的红四品盖碗茶，用云南沱茶、冰糖沏成的冰糖窝窝茶盖碗茶，用砖茶、红枣、红糖沏成的红糖砖茶盖碗茶，用陕青茶、白糖沏成的白糖青茶盖碗茶。

我国民族众多，不同民族有其独特的饮茶方式和习俗，除上面介绍的外，还有佤族烧茶、哈尼族土锅茶、土家族鸡蛋茶、苗族米虫茶等，汉族不同地区也有咸茶、盐姜茶、烟熏茶等。

五、茶与非物质文化遗产

1. 非物质文化遗产的概念

非物质文化遗产是以人为本的活态文化遗产，它强调的是以人为核心的技艺、经验、精神，其特点是活态流变。

非物质文化遗产保护，是当代社会的重要活动和重大事件。国家级非物质文化遗产的申报与名录的公布，已经成为全国人民和学术界关注的焦点。

（1）人类非物质文化遗产的定义。1997年11月，联合国教科文组织在第29次全体会议上通过了一项名为“人类口头和非物质遗产代表作”的决议。2001 年，联合国教科文组织首次公布了第一批共 19 件人类口头和非物质遗产代表作（其中包括中国的昆曲），然后在前两者基础上，成为一个新的公约——《保护非物质文化遗产公约》（以下简称《公约》），并在 2003 年 10 月 17 日，于第 32 届大会闭幕前得以通过。《公约》规定，“人类口头和非物质遗产代表作”计划将终止，建立《人类非物质文化遗产代表作名录》。

《公约》对非物质文化遗产作出了定义。非物质文化遗产是指被各社区、群体，有时是个人，视为其文化遗产组成部分的各种社会实践、观念表述、表现形式、知识、技能以及相关的工具、实物、手工艺品和文化场所。

《中华人民共和国非物质文化遗产法》规定：非物质文化遗产是指各族人民世代相传并视为其文化遗产组成部分的各种传统文化表现形式，以及与传统文化表现形式相关的实物和场所。

（2）非物质文化遗产的内容

1）传统口头文学以及作为其载体的语言。

2）传统美术、书法、音乐、舞蹈、戏剧、曲艺和杂技。

3）传统技艺、医药和历法。

4）传统礼仪、节庆等民俗。

5）传统体育和游艺。

6）其他非物质文化遗产。

（3）人类非物质文化遗产名录中的中国项目。截至 2020 年年底，中国入选联合国教科文组织非物质文化遗产名录（名册）项目共计 42 项，是目前世界上拥有非物质文化遗产数量最多的国家。

（4）中国非物质文化遗产名录体系。为使中国的非物质文化遗产保护工作规范化，国务院发布了《关于加强文化遗产保护的通知》，并制定“国家 + 省 + 市 + 县”4 级保护体系，各省、直辖市、自治区也都建立了自己的非物质文化遗产保护名录，并逐步向市、县扩展。

1）国家级。国家级非物质文化遗产名录是经中华人民共和国国务院批准，由文化和旅游部确定并公布的非物质文化遗产名录。中华人民共和国国务院先后批准，分别于 2006 年、2008 年、2011 年和 2014 年公布了四批国家级非物质文化遗产名录。

2）省级。主要包括江苏省省级非物质文化遗产名录、山西省省级非物质文化遗产名录、安徽省省级非物质文化遗产名录、山东省省级非物质文化遗产名录等 31 个省级非物质文化遗产名录。

3）市级。主要包括扬州市市级非物质文化遗产名录、徐州市市级非物质文化遗产名录、天津市市级非物质文化遗产名录等 334 个市级非物质文化遗产名录。

4）县级。主要包括高邑县县级非物质文化遗产名录、广德县县级非物质文化遗产名录、衡南县县级非物质文化遗产名录等 2 853 个县级非物质文化遗产名录。

2. 非物质文化遗产之茶的制作技艺

目前，我国法律对茶叶非物质文化遗产的概念没有明确的界定，根据非物质文化遗产的定义及茶业相关概念，茶叶非物质文化遗产是指各种以茶叶为主题，世代相传的传统文化表现形式及其相关的实物和场所，具体包括茶叶典故传说、与茶相关的文艺作品、传统制茶技艺、茶礼茶俗、涉茶节庆活动、传统茶艺等，以及相关文物和场所。

历经四批名录，国家非物质文化遗产代表性项目中各种茶类制作技艺共有 15 项。

（1）第一批国家级非物质文化遗产名录——茶的制作技艺。“武夷岩茶（大红袍）制作技艺”，由福建省武夷山市申报。

（2）第二批国家级非物质文化遗产名录——茶的制作技艺

1）“花茶制作技艺（张一元茉莉花茶制作技艺）”，由北京张一元茶叶有限责任公司申报。

2）“绿茶制作技艺（西湖龙井、婺州举岩、黄山毛峰、太平猴魁、六安瓜片制作技艺）”，分别由浙江省杭州市、浙江省金华市、安徽省黄山市徽州区、安徽省黄山市黄山区、安徽省六安市裕安区申报。

3）“红茶制作技艺（祁门红茶制作技艺）”，由安徽省黄山市祁门县申报。

4）“乌龙茶制作技艺（铁观音制作技艺）”，由福建省泉州市安溪县申报。

5）“普洱茶制作技艺（贡茶、大益茶制作技艺）”，分别由云南省普洱市宁洱哈尼族彝族自治县、云南省西双版纳傣族自治州勐海县申报。

6）“黑茶制作技艺（千两茶、茯砖茶、南路边茶制作技艺）”，分别由湖南省益阳市安化县、湖南省益阳市、四川省雅安市申报。

（3）第三批国家级非物质文化遗产名录——茶的制作技艺

1）“花茶制作技艺（吴裕泰茉莉花茶制作技艺）”，由北京市东城区申报。

2）“绿茶制作技艺（碧螺春、紫笋茶、安吉白茶制作技艺）”，分别由江苏省苏州市吴中区、浙江省湖州市长兴县、浙江省湖州市安吉县申报。

3）“黑茶制作技艺（下关沱茶制作技艺）”，由云南省大理白族自治州申报。

4）“白茶制作技艺（福鼎白茶制作技艺）”，由福建省福鼎市申报。

（4）第四批国家级非物质文化遗产名录——茶的制作技艺

1）“花茶制作技艺（福州茉莉花茶窨制工艺）”，由福建省福州市仓山区申报。

2）“绿茶制作技艺（赣南客家擂茶、婺源绿茶、信阳毛尖茶、恩施玉露、都匀毛尖茶制作技艺）”，分别由江西省赣州市全南县、江西省上饶市婺源县、河南省信阳市、湖北省恩施市、贵州省都匀市申报。

3）“红茶制作技艺（滇红茶制作技艺）”，由云南省临沧市凤庆县申报。

4）“黑茶制作技艺（赵李桥砖茶、六堡茶制作技艺）”，分别由湖北省赤壁市、广西壮族自治区梧州市苍梧县申报。

3. 非物质文化遗产之茶具制作技艺

（1）第一批国家级非物质文化遗产名录——茶具制作技艺

1）“宜兴紫砂陶制作技艺”，由江苏省宜兴市申报。

2）“界首彩陶烧制技艺”，由安徽省界首市申报。

3）“维吾尔族模制法土陶烧制技艺”，由新疆维吾尔自治区喀什地区英吉沙县、新疆维吾尔自治区喀什地区喀什市、新疆维吾尔自治区吐鲁番地区申报。

4）“耀州窑陶瓷烧制技艺”，由陕西省铜川市申报。

5）“龙泉青瓷烧制技艺”，由浙江省龙泉市申报。

6）“磁州窑烧制技艺”，由河北省邯郸市峰峰矿区申报。

7）“德化瓷烧制技艺”，由福建省泉州市德化县申报。

8）“澄城尧头陶瓷烧制技艺”，由陕西省渭南市澄城县申报。

（2）第二批国家级非物质文化遗产名录——茶具制作技艺

1）“琉璃烧制技艺”，由北京市门头沟区、山西省申报。

2）“定瓷烧制技艺”，由河北省保定市曲阳县申报。

3）“钧瓷烧制技艺”，由河南省禹州市申报。

4）“醴陵釉下五彩瓷烧制技艺”，由湖南省醴陵市申报。

5）“枫溪瓷烧制技艺”，由广东省潮州市枫溪区申报。

6）“广彩瓷烧制技艺”（项目序号880，编号Ⅷ-97），由广东省广州市申报。

7）“陶器烧制技艺（钦州坭兴陶、藏族黑陶、牙舟陶器、建水紫陶、荥经砂器烧制技艺）”，分别由广西壮族自治区钦州市、四川省甘孜藏族自治州稻城县、云南省迪庆藏族自治州、青海省玉树藏族自治州囊谦县、贵州省黔南布依族苗族自治州平塘县、云南省红河哈尼族彝族自治州建水县、四川省雅安市荥经县申报。

（3）第三批国家级非物质文化遗产名录——茶具制作技艺

1）“陶器烧制技艺（黎族泥片制陶技艺、荣昌陶器制作技艺）”，分别由海南省白沙黎族自治县、重庆市荣昌区申报。

2）“越窑青瓷烧制技艺”，由浙江省上虞市、杭州市、慈溪市申报。

3）“建窑建盏烧制技艺”，由福建省南平市申报。

4）“汝瓷烧制技艺”，由河南省汝州市、河南省平顶山市宝丰县申报。

5）“淄博陶瓷烧制技艺”，由山东省淄博市申报。

6）“长沙窑铜官陶瓷烧制技艺”，由湖南省长沙市望城区申报。

7）“银铜器制作及鎏金技艺”，由青海省西宁市湟中县申报。

（4）第四批国家级非物质文化遗产名录——茶具制作技艺

1）“琉璃烧制技艺”，由山东省淄博市博山区、山东省曲阜市申报。

2）“邢窑陶瓷烧制技艺”，由河北省邢台市申报。

3）“婺州窑陶瓷烧制技艺”，由浙江省金华市婺城区申报。

4）“吉州窑陶瓷烧制技艺”，由江西省吉安市申报。

5）“登封窑陶瓷烧制技艺”，由河南省登封市申报。

6）“当阳峪绞胎瓷烧制技艺”，由河南省焦作市申报。

7）“潮州彩瓷烧制技艺”，由广东省潮州市申报。

8）“陶器烧制技艺（平定砂器制作技艺、平定黑釉刻花陶瓷制作技艺、宜兴均陶制作技艺、德州黑陶烧制技艺、枫溪手拉朱泥壶制作技艺）”，分别由山西省阳泉市平定县、江苏省宜兴市、山东省德州市、广东省潮州市申报。

4. 非物质文化遗产之制茶传承人

国家级非物质文化遗产代表性项目代表性传承人，是指经国务院文化行政部门认定的，承担国家级非物质文化遗产名录项目传承保护责任，具有公认的代表性、权威性与影响力的传承人。

国务院文化主管部门和省、自治区、直辖市人民政府文化主管部门对本级人民政府批准公布的非物质文化遗产代表性项目，可以认定代表性传承人。认定非物质文化遗产代表性项目的代表性传承人，应当参照执行相关法律有关非物质文化遗产代表性项目评审的规定。

（1）非物质文化遗产代表性项目代表性传承人的申报条件

1）熟练掌握其传承的非物质文化遗产。

2）在特定领域内具有代表性，并在一定区域内具有较大影响。

3）积极开展传承活动。

（2）非物质文化遗产代表性项目代表性传承人的申报材料。公民提出国家级非物质文化遗产项目代表性传承人申请的，应当向所在地县级以上文化行政部门提供以下材料：

1）申请人基本情况，包括年龄、性别、文化程度、职业、工作单位等。

2）该项目的传承谱系以及申请人的学习与实践经历。

3）申请人的技艺特点、成就及相关的证明材料。

4）申请人持有该项目的相关实物、资料的情况。

5）其他有助于说明申请人代表性的材料。

（3）非物质文化遗产代表性项目代表性传承人的义务

1）开展传承活动，培养后继人才。

2）妥善保存相关的实物、资料。

3）配合文化主管部门和其他有关部门进行非物质文化遗产调查。

4）参与非物质文化遗产公益性宣传。

非物质文化遗产代表性项目的代表性传承人无正当理由不履行前款规定义务的，文化主管部门可以取消其代表性传承人资格，重新认定该项目的代表性传承人；丧失传承能力的，文化主管部门可以重新认定该项目的代表性传承人。

（4）非物质文化遗产代表性项目代表性传承人的政策保障

县级以上人民政府文化主管部门根据需要，支持非物质文化遗产代表性项目的代表性传承人开展传承、传播活动。

1）提供必要的传承场所。

2）提供必要的经费资助其开展授徒、传艺、交流等活动。

3）支持其参与社会公益性活动。

4）支持其开展传承、传播活动的其他措施。

（5）非物质文化遗产之制茶传承人

1）2009 年第三批国家级非物质文化遗产代表性项目代表性传承人（制茶传承人第一批）

①武夷岩茶（大红袍）制作技艺，叶启桐。

②花茶制作技艺（张一元茉莉花茶制作技艺），王秀兰。

③绿茶制作技艺（西湖龙井），杨继昌。

④绿茶制作技艺（黄山毛峰），谢四十。

⑤乌龙茶制作技艺（铁观音制作技艺），魏月德。

⑥乌龙茶制作技艺（铁观音制作技艺），王文礼。

2）2012 年第四批国家级非物质文化遗产代表性项目代表性传承人（制茶传承人第二批）

①武夷岩茶（大红袍）制作技艺，陈德华。

②花茶制作技艺（吴裕泰茉莉花茶制作技艺），孙丹威。

③绿茶制作工艺（六安瓜片），储昭伟。

④绿茶制作技艺（太平猴魁），方继凡。

⑤黑茶制作技艺（南路边茶制作技艺），甘玉祥。

⑥白茶制作技艺（福鼎白茶制作技艺），梅相靖。

3）2018 年第五批国家级非物质文化遗产代表性项目代表性传承人（制茶传承人第三批）

①花茶制作技艺（福州茉莉花茶窨制工艺），陈成忠。

②绿茶制作技艺（碧螺春制作技艺），施跃文。

③绿茶制作技艺（紫笋茶制作技艺），郑福年。

④绿茶制作技艺（赣南客家擂茶制作技艺），廖永传。

⑤绿茶制作技艺（婺源绿茶制作技艺），方根民。

⑥绿茶制作技艺（信阳毛尖茶制作技艺），周祖宏。

⑦绿茶制作技艺（恩施玉露制作技艺），杨胜伟。

⑧绿茶制作技艺（都匀毛尖制作技艺），张子全。

⑨红茶制作技艺（祁门红茶制作技艺），王昶。

⑩红茶制作技艺（滇红茶制作技艺），张成仁。

⑪黑茶制作技艺（千两茶制作技艺），李胜夫。

⑫黑茶制作技艺（茯砖茶制作技艺），刘杏益。

⑬黑茶制作技艺（六堡茶制作技艺），韦洁群。

课程 2-2　外国茶文化

一、茶的外传及影响

1. 茶外传的影响

茶是世界三大无酒精饮料之一，目前，世界上有 60 多个国家种茶，160 多个国家和地区有饮茶习惯，世界人均年饮茶量约为 0.6 千克，茶已成为全世界各地人们普遍欢迎的一种天然保健饮料。中国是茶的故乡，也是世界上最早发现和利用茶的国家，世界各国的饮茶习惯都起源于中国，茶是中国对世界做出的一大贡献。

中国茶文化博大精深，世界各国的茶及茶文化都源自中国。据统计，受中国茶文化的影响，国外出现了不少中国式的茶馆和茶文化相关团体，还经常组织与茶文化相关的交流活动。

饮茶源于中国，中国的饮茶方式影响着世界各国。中国的饮茶习俗传到国外以后，受各国地理、气候、文化、风俗的影响，使饮茶方式变得更加多姿多彩。

饮茶方式可分为清饮法和调饮法。清饮法是直接用沸水冲泡茶叶，追求茶的真香实味。清饮法一般出现在东方的国家和地区，如中国大部分人推崇清饮，日本人推崇清饮“三绿”的蒸青绿茶，韩国及东南亚一些国家也推崇清饮法。调饮法是在沏泡的过程中添加一些既可调味又富有营养的食品，如调味的有食盐、白糖、薄荷、柠檬等，以营养为主的有牛奶、蜂蜜等。

2. 茶对外传播的途径

中国茶及茶文化向外传播，主要有海路传播和陆路传播两条路线。

（1）海路传播。唐顺宗永贞元年（805 年），日本高僧最澄和弟子义真来我国天台山国清寺学佛，回国时带回茶籽，种于日本近江（今滋贺县境内）的比睿山东麓日吉神社旁，后成为日本最古老的茶园即日吉茶园。次年，日本高僧空海又来华学佛，回国时也带去茶籽，种于日本京都高山寺等地。此后，日本嵯峨天皇于弘仁六年（815年）4月巡幸近江，经过梵释寺时，该寺大僧都、遣唐使永忠亲手煮茶进献，天皇赐予御冠。天皇巡幸后，下令畿内、近江、丹波、播磨等地种茶，每年采茶进献。自此，日本的茶叶生产才开始发展起来，当时日本的制茶法和饮茶方式均效仿唐朝。中国的饮茶之风和茶道传入日本后衍化为日本茶道，在此过程中的关键人物是日本临济宗的创始人荣西禅师，他留学中国时系统地学习了种茶、制茶和饮茶知识，撰写了茶学专著《吃茶养生记》，促进了日本茶业和饮茶之风的发展，为日本茶道的兴起奠定了基础。

茶叶还通过印度洋、波斯湾、地中海运往欧洲各国。宋元时期，中国的陶瓷和茶叶就已运往亚欧各国。1517年，葡萄牙海员从中国带回茶叶。1560年，葡萄牙传教士克罗兹神父将中国茶叶的品类及饮茶方法等传入欧洲。明神宗万历三十五年（1607年），荷兰人开始经海路从中国澳门贩运茶叶到印度尼西亚。1610年，荷兰直接从中国运茶回国，并在欧洲销售。1637年，英国船长威忒专程率船东行，首次从中国直接运走茶叶。之后，英国商人从厦门、广州等地购买大量的茶叶，除国内消费外还转运到美洲殖民地。1644年，英国在厦门设立了专门贩茶的商务机构。1650年，荷兰人贩运中国茶叶到达北美。1684年，德国人在印度尼西亚爪哇试种得自日本的茶籽，没有成功；又于1731年从中国获取大批茶籽，种在爪哇和苏门答腊，自此茶叶生产在印度尼西亚发展起来。1715年东印度公司在广州设立商馆，中国茶叶贩至英国的出口量逐年增大。后来，瑞典、丹麦、法国、德国等国的商船，每年都会从中国运走大批茶叶。

（2）陆路传播。公元4世纪末5世纪初，佛教由中国传入高句丽，饮茶之风亦开始进入朝鲜半岛。不过，高句丽种茶却始于中国唐代。据《东国通鉴》记载，公元828年，“新罗兴德王之时，遣唐大使金氏（即金大廉），蒙唐文宗赐予茶籽，始种于金罗道智异山”。公元12世纪，松应寺、宝林寺等著名禅寺积极提倡饮茶，使饮茶之风很快普及民间。自此，朝鲜不但饮茶，而且种茶。由于环境、气候等原因，朝鲜的茶叶种植量小，茶叶消费主要依靠进口。

中国茶叶经陆路传播到阿拉伯国家后，许多阿拉伯商人在中国购买丝绸、瓷器的同时，也常常带回茶叶。后来，阿拉伯人又把中国的饮茶之风向中亚和西亚一带传播开来。

中国茶叶除由海路传到西欧外，还有一条陆路传播通道。此路以山西、河北为枢纽，经长城，过蒙古，穿越西伯利亚地区，直达欧洲腹地。

据史料记载，明朝仍有与塞外进行贸易的“茶马互市”，即用茶易马进行贸易往来。明万历四十六年（1618年），中国公使携茶赴俄国，向俄国朝廷馈赠茶叶。由于当时俄国从未有人饮茶，因此并未引起重视。1638 年，斯特可夫（Starkoff）又将中国茶带去俄国。1833 年，俄国从中国湖北羊楼洞引进茶籽、茶苗，试种于现今的格鲁吉亚一带，但都未获得成功。1889 年，俄国考察团到中国研究茶叶的产制，回国后开辟茶园，后建立了一座小型茶厂。1893 年，俄国茶商看到茶叶拥有巨大的潜在市场，便想在高加索地区试验栽种茶树，于是从中国广东聘请了茶师刘峻周等一批技术工人赴格鲁吉亚传授种茶、制茶技术。刘峻周等人到达格鲁吉亚后，在荒地上开垦茶园，兴办茶厂，培训技术人员，历经 3 年，终于焙制出第一批茶叶。刘峻周等人劳作 7 年，其培育、生产的茶叶在 1900 年法国巴黎世界工业博览会上获得金质奖章。

位于南亚的印度，1780 年开始种茶，但一直未获成功。为此，印度于 1834 年成立植茶问题委员会，派遣委员会秘书哥登（G.J.Gordon）到中国购买茶籽，种于印度的大吉岭，并请雅州（今四川雅安）茶业技工传授种茶和制茶技术。经过百余年的努力，直到 19 世纪后期，茶叶终于在喜马拉雅山南麓的大吉岭一带发展起来。

巴基斯坦种茶始于 1983 年，当时中国派专家指导试种，成功后开始建立茶园。

与中国相邻的缅甸、柬埔寨、越南等国也有茶叶种植，而且历史比较早。

二、外国饮茶风俗

1. 亚洲茶俗

（1）日本茶俗。日本茶道的举行场所一般由庭园和建筑组成。庭园是指露地，建筑是指茶室。入茶室前，宾客要先进入露地。之后要先用水钵中的清水洗手和漱口，主人迎接客人时还要在露地中打水再清洗一次，这种反复清洗的礼仪寓意茶道的场所乃圣洁之境。茶室设有一个侧身可入的四方小门，茶室内的装饰壁龛里挂着被称为茶挂的挂轴。茶室内摆放鲜花，并配以与之相适的花瓶，除此之外，茶室一般还有陶瓷、竹筒、釜、茶碗、茶盒、水罐、水盂等用具。

日本茶道对点茶和饮法都有特别严格的规定，力求点茶和饮茶时的动作更合理、更优美。同时，茶道又带有宗教修行的性质，体现了佛教的精神。点茶开始时，主人坐在风炉旁，开始生火、加水，然后用一块手帕大小的红色绸缎把事先已经擦洗干净的茶具当着宾客的面再擦洗一次，最后用开水再消毒一次，之后才开始正式的点茶。主人用精致的小茶勺往茶碗中放入适量的浅绿色茶末，再用竹制的水舀子将沸水注入茶碗内，水不能外溢，而且倒水时要尽量使其产生潺潺的流水声。点茶完毕后，主人用双手捧起茶碗献给宾客，宾客要向主人致谢后才可接茶，最后一口还应发出轻叹声，以表示对茶的赞赏。茶有浓茶与淡茶之分，如果主人以浓茶待客，所配点心常为糯米制的豆馅点心，如果是淡茶，点心则为小脆饼。完成一套最简单的点茶仪式一般需要20分钟，如果是规格较高的仪式则需一个多小时。行茶道时须守“四规”和“七则”。“四规”指的是“和、敬、清、寂”。“七则”指的是：点茶要有浓淡之分；茶水温度要根据季节的不同而改变；煮茶的火候要适度；使用的茶具要体现茶叶的色、香、味；备好一尺四寸见方的炉子；冬天炉子的位置要摆放适当，并使之固定；茶室要清洁并插花，花的品种要与环境相匹配，以显出新颖、清雅的风格。根据迎客、庆贺、欢聚、赏景、论学等不同内容，茶道的仪式也略有差别。总之，日本茶道是融合建筑、园艺、美术、宗教、文学、烹调诸领域，以饮茶为主体的艺术技能。

日本人普遍喜欢饮茶，认为饮茶有助健康。随着时代的发展，日本茶叶消费的品种也发生变化，除传统的绿茶外，乌龙茶、普洱茶、茉莉花茶的消费量也有所增加。方便新颖的袋泡茶、速溶茶、罐装饮料茶等也很受日本人的欢迎。日本茶道如图 2–2–1 所示，日本点茶如图 2–2–2 所示。

图 2–2–1　日本茶道

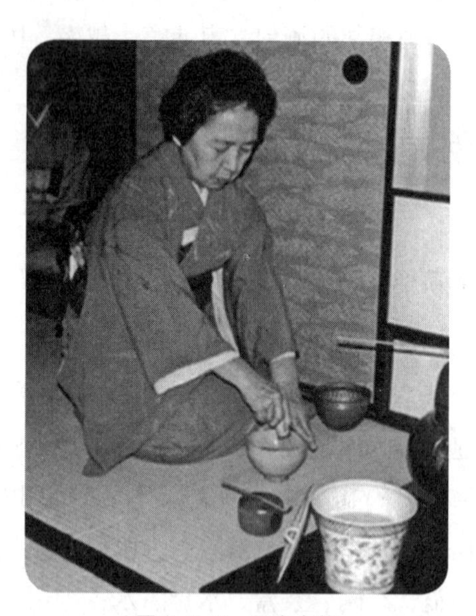

图 2–2–2　日本点茶

（2）韩国茶礼。韩国茶礼包括迎客、环境和茶室陈设、投茶、注茶、茶点、吃茶等。茶礼被定义为农历的每月初一、十五，以及在节日和祖先生日于白天举行的简单祭礼；也有些专家将它定义为贡人、贡神、贡佛的礼仪。韩国茶礼活动主要在民间各群众团体间展开，提倡以和、敬、俭、真为茶礼的基本精神。“和”要求人们心地善良，互相尊敬，互相帮助；“敬”是指要有正确的礼仪；“俭”是指俭朴的生活；“真”是指要有真诚的心意。韩国茶礼以此为依据，对茶礼的全部程序均有严格的规范，力图使人们逐渐形成规范有序、高雅、文明的生活准则。韩国茶礼如图 2-2-3 所示。

图 2-2-3　韩国茶礼

（3）印度茶俗。印度人普遍喜爱喝茶。印度人通常把红茶、牛奶和糖放入壶里，加水煮开后滤掉茶叶，将剩下的浓似咖啡的茶汤倒入杯中饮用。这种甜茶已经成为他们日常生活和待客必不可少的饮料。印度人还将红茶与羊奶以各占一半的比例进行调和，煮沸后再放入生姜、茴香、肉桂、槟榔、肉豆蔻等，使茶香味更浓并富有营养价值。印度还有一种马萨拉茶，是以红茶加姜或小豆蔻冲泡而成。其饮用方式奇特，即要把这种茶倒入盘子中用舌头舔饮，所以又叫舔茶。印度人的敬茶方式也很有特色。如有宾客到访，主人会请宾客坐在地面的席子上。宾客的坐姿必须是男士盘腿而坐、女士双膝相并屈膝而坐。主人给宾客捧上一杯甜茶，宾客要先礼貌地表示感谢和推辞。主人再敬，宾客才能以双手接茶。印度人的爱茶风气遍及全国，是茶叶消费大国。

（4）巴基斯坦茶俗。在巴基斯坦，饮茶贯穿于人们每一天的日常生活当中。主妇们每天起床的第一件事就是为全家人烹煮红茶，待家人起床后饮用。巴基斯坦人有“一日三茶”之说。家庭中饮茶如此，出门上班还要喝茶，一些大型企业会派专人为职员煮红茶，所有的饭店、冷饮店几乎都有茶水供应，还可在茶摊上投钱取饮。

巴基斯坦的饮茶方法受英国影响，喜欢饮用红茶，而且要加奶和糖。在巴基斯坦西北部，人们喜饮绿茶。到了冬天，有些习惯饮用红茶的地区也会改饮绿茶，这是因为巴基斯坦人认为绿茶偏温、红茶偏凉，他们饮用绿茶的方法与红茶相似，也要加奶或糖饮用。

（5）斯里兰卡茶俗。斯里兰卡人喜饮红茶，叶多茶浓，味带苦涩。斯里兰卡人饮茶时通常加入牛奶和白糖，又称奶茶，有些人还习惯在茶中放少许姜末，使之别有一番风味。

2. 欧美茶俗

（1）荷兰。荷兰最初从中国传入的是绿茶。18世纪中叶，红茶走进荷兰并席卷荷兰市场，从此，荷兰人普遍饮用红茶。与茶同时传入荷兰的还有中国的精致茶杯、茶壶等茶具。一般来说，荷兰人午后才开始饮茶。宾客到访，主人会用茶接待。相互寒暄后，主人从镶银的小瓷茶盒中取出各种茶叶，放入小瓷茶壶中冲泡。每个小瓷茶壶中都配有银质的滤器。茶冲泡好后，主人请宾客任意挑选自己爱喝的茶，为其倒入小杯中。如宾客喜欢调饮，则另用较大杯盛少量茶以便宾客自行调配。荷兰人饮茶会加糖消苦除涩，后来又时兴加奶油。

午后茶是荷兰人的居家习惯，一直沿袭至今。主妇们用初开的沸水泡茶，冲泡3~6分钟，将茶壶放在茶套内保温，饮用时再加佐料，随时可饮用。现在，饮茶已是荷兰人生活中不可缺少的内容，有些家庭甚至打破了午后饮茶的习惯，在早餐时也以茶为饮料。

（2）英国。英国人有喝下午茶的风俗，每天下午4时左右，英国人都要坐在茶室中小憩一会儿，一边喝茶，一边吃些三明治之类的点心，或谈话聊天，或休息放松。20世纪初，丘吉尔担任商务大臣时，曾把准许职工享有工间饮茶的权利作为社会改革的内容之一。

在英国，人们爱喝掺有牛奶的茶和什锦茶。泡奶茶要先往杯中倒入牛奶，然后再倒茶，且顺序不能颠倒，如果要加糖则最后才放。什锦茶则是将几种不同的茶叶混合冲泡，还可加入橘子、玫瑰等。英国人认为，这样混合饮用能够减少易伤胃的茶碱，更能发挥茶的保健作用。英国人泡茶用的茶具一般为瓷质，富裕家庭也用银质茶壶泡茶。随着现代工业文明的发展，人们的生活节奏加快，袋泡茶、茶饮料等方便快捷的茶饮成为英国人生活中的新内容。

（3）俄罗斯。俄罗斯是一个地跨亚、欧两大洲的国家。俄罗斯有极具民族特色的沙玛瓦特茶炊。俄式茶炊的内部下方安装有小炭炉，炉上为一中空的筒状容器，加水后可盖上盖子。炭火在加热水的同时，还可烤热安置在顶端中央的茶壶。茶炊的外下方安有小水龙头，取用沸水极为方便。水开后，把茶壶从茶炊上取下，由于事先已将茶叶放入其中，所以直接注入沸水泡茶即可。茶炊的形状多样，有圆形、筒形，还有奖杯状的，但一般都装有把手、水龙头和支脚。制作材料以铜、银、铁等各种金属原料为多，也有陶瓷或耐热玻璃制成的，不过很少见。有些用金、银等贵重金属制成的茶炊，制作工艺十分精巧，还可作为工艺品陈设在室内。后来又出现了暖水瓶式的保温茶炊，内部分为三格，第一格盛茶，第二格盛汤，第三格盛粥。现在俄罗斯市场上销售的茶炊，除外观上与真正的沙玛瓦特相似之外，其内部结构已经大相径庭了。

俄罗斯人使用的茶具，除瓷茶杯外，还多了一样茶碟，因为他们喜欢将茶从杯中倒入茶碟饮用。茶碟的形状如浅底小平碗或圆盒。此外，玻璃茶杯的使用也很常见。

俄罗斯幅员辽阔、民族众多，饮茶风格也各有特点。部分地区的饮茶接近西欧的方式，其要点在于将茶壶放置在火炉上干烤预热，当温度达到 100 ~ 120 摄氏度时，按每杯一匙左右的用量将茶叶投入壶中，随后倒入开水冲泡。由于茶壶已被烤得滚烫，只要泡上 2 ~ 3 分钟即可。如果茶壶预热温度和冲泡手法掌握得当，在倒水冲茶时会产生噼啪的爆裂声，很像中国白族的雷响茶。这种饮茶方式属清饮法，茶香浓郁，若是新茶，则香味更浓。

俄罗斯还有一种最古老的蒙古式饮茶法，流行于西南伏尔加河、顿河流域以东与蒙古接壤的亚洲地区。其饮法是：首先将紧压绿茶碾细，每升水放入 1 ~ 3 匙茶末加热，水开后再加入 250 毫升牛奶（羊奶或骆驼奶）、动物油 1 匙、油炒面粉 50 ~ 100 克，最后加入半杯大米或优质小麦，可根据口味自行加入适量食盐，煮 15 分钟即可。这种饮茶方法是调饮法，颇似我国藏族的饮茶习惯。

俄罗斯的卡尔梅克族居住在伏尔加河下游，也有部分在西西伯利亚、中亚等地居住。他们的饮茶法也属调饮法，一般使用紧压茶，先将水煮开，再倒进茶叶（每升水倒入 50 克茶叶），分两次加入大量动物奶，搅拌均匀。煮沸后，用细孔滤器滤掉茶渣后才可饮用。

（4）法国。法国人泡茶方法与英国人相似，都是在茶中加入牛奶、砂糖或柠檬等，另外再以各式的甜糕饼佐茶，午后茶一般在下午四点半至五点半供应。法国人也喜爱绿茶，清饮和调饮兼而有之。其中清饮法与中国相似，调饮时加方糖或新鲜薄荷叶，使茶味甘甜清凉、香浓隽永。现在的法国巴黎茶室之多，可同咖啡馆和饭店相比，而且许多快餐店都专设茶水供应，出现了以茶代替可乐或牛奶的现象。

（5）德国。德国人的饮茶方式与英国人不同，一般是将冷水煮沸后，先温壶，再按 1 杯茶 1 匙茶叶的比例将茶叶置于壶内，注入沸水冲泡 3 分钟，倒出茶汤于杯中，添加牛奶、白糖或柠檬饮用。柏林、汉堡、慕尼黑等大都市的高级旅馆、咖啡馆或酒吧里会供应英国式茶饮，在东部地区的一些家庭中还有用俄式铜茶壶泡茶的习惯。

中国的高级绿茶在德国也有一定的市场，饮用方法与中国相同。在德国，饮茶不受拘束，十分自由，年轻人喜欢根据自己的爱好随意调配茶水。近年来，德国出现了奶糖茶、香料茶、茉莉花茶、柠檬茶、甜茶、葡萄茶、橙子茶、苹果茶、樱桃茶和各式各样的香精茶等，很受年轻人的欢迎。

（6）土耳其。土耳其横跨亚、欧两洲。在土耳其，到处都可以看到茶馆，茶馆的服务员手托托盘，来回穿梭为顾客们送茶，托盘上放着一杯杯滚烫的茶。不仅如此，他们还要为附近的店铺送茶，在茶馆外面只需吹个口哨、打个手势，茶馆的服务员就会迅速地端出茶来。学校、机关、企业里，都有专人负责煮茶、卖茶、送茶。可以说，茶在土耳其人的生活中是无处不在的。

土耳其人喜欢使用一大一小两个茶壶煮茶。大的茶壶盛满水放在火炉上，小的茶壶装上茶叶放在大茶壶上面。等大茶壶里的水煮开后，将开水冲入小茶壶中煮上片刻。然后将小茶壶里的茶汁根据各人对茶汤浓淡的需求，不等量地倒入小玻璃杯中，最后再将大茶壶中的开水冲入，加上适量白糖搅拌几下就可饮用了。

（7）美国。在美国，不同民族、不同地区的饮茶习惯都有不同。有些地区饮茶的人很多，有些地区则较少；有些地区饮茶具有一定的季节性，如南部一些州市，冬季饮热茶，夏季则大量饮用冰茶，城镇街道上冰茶室到处可见。

美国人一般饮用袋泡茶，也是取其方便省事的特点。将冲泡好的茶水注入易拉罐中制成的罐装茶也大受美国人欢迎。

（8）加拿大。加拿大是美洲国家中仅次于美国的饮茶大国，加拿大人主要喝红茶，绿茶只销往少数地区。加拿大人泡茶通常用陶质茶壶，以一匙两杯的比例放入茶叶和水，开水冲泡 5～8 分钟。泡好后，将茶汤滤进另一个事先温热过的茶壶中，加入奶和糖调制好后就可饮用了。与美国人不同的是，加拿大人很少在茶汤中加柠檬，而且也不像中国人那样喜欢清饮。

加拿大人一般在用餐时和临睡前饮茶，也有饮午后茶的风俗，旅馆、剧院、茶室、火车站中都供应午后茶。现在，加拿大人也爱饮袋泡茶。

3. 非洲茶俗

（1）埃及。生活在尼罗河畔金字塔下的埃及人，饮茶历史由来已久。如今，埃及饮茶之风已深入寻常百姓之中，埃及已成为非洲国家中最大的茶叶消费国。埃及人喜欢喝浓厚醇烈的红茶，加糖热饮是他们的习惯。

埃及普通家庭的饮茶习俗与俄罗斯人十分相似。他们喝茶时使用的是俄式沙玛瓦特茶炊。用沙玛瓦特茶炊把水煮沸后，将小瓷茶壶凑近茶炊的水龙头，拧开后让沸水流进茶壶，其目的是为了温壶。埃及人认为，温壶以后，茶香更容易散发出来。温壶后把水倒掉，再拧开水龙头，冲入大半壶沸水。此时再放入一小撮茶叶，把沸水加满，盖上壶盖。最后放到茶炊盖上加热片刻，此时泡茶过程才算结束。茶水斟入杯中后，可加入蔗糖。用小勺在茶杯中搅动，待茶稍凉后再开始饮用。埃及人喝茶一般至少喝三杯，他们认为第一杯茶仅用来消除正餐中煎炒类食品的火气，而饮第二杯茶才是真正的品茶。

（2）摩洛哥。与埃及同属北非的摩洛哥也是一个酷爱饮茶的国度。不同的是，摩洛哥人嗜饮中国绿茶，每年进口绿茶数量居世界第一。摩洛哥人的茶具还是闻名世界的珍贵艺术品。摩洛哥国王和政府赠送来访贵宾的礼品，一为茶具，二为地毯。一套讲究的摩洛哥茶具重达 100 千克以上，有尖嘴的茶壶、雕有花纹的大铜盘、香炉造型的糖缸、长嘴大肚子的茶杯等，上面一般都刻有极富民族特色的图案，风格独特，令人赏心悦目。摩洛哥人泡茶时，要先往已放入茶叶的茶壶中冲入少量沸水，然后立即将水倒掉，重新冲入沸水，再加白糖和鲜薄荷叶，泡几分钟后再倒入杯中饮用。茶叶泡过两三次之后，还要添加适量茶叶和白糖，使茶味保持浓淡适宜、香甜可口。这样一壶三沏，最少需用 10 克茶叶和 150 克左右的白糖。茶汤加入薄荷叶后，味香清凉，入口暑气顿消，又极能提神，深受摩洛哥人的喜爱。

除了家庭饮茶外，在摩洛哥的茶肆中还能享受到另一种风格的薄荷茶。在熊熊燃烧的炉灶上，盛满水的大锡壶在火炉上“突突”作响，店员根据来客的多少另取一小锡壶，从一只麻袋里抓出一大把茶叶，用榔头从另一只麻袋里砸下来一块白糖，再顺手揪上一把新鲜薄荷叶，一起放入小锡壶中，加上大锡壶中的滚水，放到火炉上烹煮。水滚两遍后，小锡壶里的薄荷茶就可端给宾客饮用了。

（3）毛里塔尼亚。毛里塔尼亚是一个以畜牧业为主的国家，全国领土有 2/3 以上是沙漠地带，因此素有“沙漠之国”的称号。这个人口只有 300 多万人的国家，每年消费茶叶 3 000 多吨，毛里塔尼亚人喜欢喝绿茶，他们进口的眉茶和珠茶一般都是从中国输入的。

毛里塔尼亚人喜欢喝浓甜茶。人们每天早晨祈祷完毕后就开始喝茶。毛里塔尼亚人通常将茶叶放入小瓷壶或小铜壶内煮饮，待茶水煮开后，再加入白糖和新鲜薄荷叶，然后将茶汤注入酒杯大小的玻璃杯内就可饮用了。茶味香甜醇厚，带有清凉的薄荷味。毛里塔尼亚人煮一次茶，需要 30 克左右的茶叶，而且要求茶叶味浓适中，多次煮泡后汤色仍不变。他们喜欢汤色深的茶，所以如果茶叶储存时间稍长，反而更受欢迎。毛里塔尼亚人招待宾客的习俗也是“见面一杯茶”。每当宾客到访，好客的主人总是以甜润爽口的浓甜茶来招待。这种风格独特的浓甜茶已成为毛里塔尼亚人的民族传统饮料。

毛里塔尼亚的摩尔人，大多数家庭会备有一套茶具，包括四个小杯、一把小瓷壶、一个瓷盘和一个小煤气炉。饮茶时，先将茶叶放入茶壶内，再加入水、糖和薄荷，然后将壶放在煤气炉上烧煮，直到溢出香味为止。敬客时，女主人将煮好的茶汤倒入杯中，再用一个空杯反复倒出倒进。由于手法醇熟，茶水不会溅到杯外，直到茶水温度适宜方可献给宾客。宾客必须一饮而尽，并且要连饮三杯，才是对主人有礼貌的表现。

4. 其他地区茶俗

阿尔及利亚、突尼斯、利比亚、尼日利亚、冈比亚、尼日尔、布基纳法索、多哥等国人民也爱绿茶。在这些国家，几乎人人都饮茶，茶馆、茶室鳞次栉比。人们饮茶时也会加入大量的薄荷和糖。

到阿尔及利亚人家里做客，最隆重的待客礼节是宾客进屋坐定后，先轮流喝一碗骆驼奶，然后开始饮茶。主人要将茶水煮浓并放入糖，高举茶壶倒出，请宾客喝上三杯。

利比亚人把红茶、绿茶煮成糖茶饮用，通常早晚饮红茶，午餐饮绿茶。

大洋洲的澳大利亚和新西兰都是饮茶国家，这两个国家畜牧业发达，居民以肉食为主，所以饮茶习俗比较普遍。由于两国居民多为欧洲移民的后裔，所以饮茶习俗也是沿袭欧洲人饮茶的方法。

澳大利亚、新西兰与英国一样，有饮早茶和午后茶的习惯。他们爱好饮用茶汤鲜艳、茶味浓厚的红碎茶，并根据饮者自己的口味加糖、牛奶或柠檬调制。

居住在澳大利亚和新西兰高寒山区的游牧民以放牧为生，主要食用高热量的牛羊肉和乳制品，他们喝茶的方法也与众不同。早晨起床后，他们会立即用锡壶罐将水烧开，同时放入一撮茶叶，任其煎煮，煮好后，早餐时可饮用。他们还喜欢在煮好的茶汤中加入甜酒、柠檬、牛奶等多种调料，使茶汤富有营养，增加热量。

3

茶叶知识

- 课程 3-1　茶树基本知识
- 课程 3-2　茶叶种类
- 课程 3-3　茶叶加工工艺及特点
- 课程 3-4　中国名茶及其产地
- 课程 3-5　茶叶品质鉴别
- 课程 3-6　茶叶储存与产销

课程 3-1　茶树基本知识

一、茶树的定义

茶树是一种多年生的木本常绿植物。1950 年，我国著名植物学家钱崇澍根据国际命名和对茶树特性的研究，确定以 Camellia sinensis（L.）O.Kuntze 为茶树学名。

茶树的形态特征为乔木或灌木状。叶长圆形或椭圆形，基部楔形，边缘具锯齿。花 1～3 朵，腋生，白色；萼片 5 片，卵形或圆形，宿存；花瓣 5～6 瓣，宽卵形，基部稍连合；雄蕊花丝基部连合，花柱顶端 3 裂。蒴果 3 球形。花期为 10 月至翌年 2 月，果期翌年 10 月。

热带地区的乔木型茶树可高达 15～30 米，基部树围 1.5 米以上，树龄可达数百年至上千年。栽培茶树往往通过修剪来抑制其纵向生长，所以树高多为 0.8～1.2 米。茶树树龄一般为 50～60 年，野生种普遍见于长江以南各省的山区。

二、茶树的起源和演变

1. 茶树的原产地

根据植物学研究，茶树所属的被子植物门，起源于距今约 1 亿年以前的晚白垩纪，其中的山茶科植物，起源于白垩纪至新生代的第三纪，距今约 7 000 万年。我国的科学工作者根据研究推论，茶树是由第三纪宽叶木兰和中华木兰进化而来的。在 19 世纪以前，国际植物学界公认中国是茶树的原产地。但是，自从 1824 年印度东北部阿萨姆邦发现了野生大茶树以来，近代一些学者关于茶树原产地的归属开始有了不同的意见，国际植物学界和茶学界就此问题展开了长久的学术讨论和研究，出现了"印度起源论""二源论""多源论""中国起源论"等不同的观点。

"印度起源论"观点的代表人物是英国军方少校罗伯特·勃鲁士（Robert

Burrough），1824 年他在印度东北部阿萨姆邦发现野生大茶树之后，于 1838 年印发了一本小册子，列举了他在印度发现的野生大茶树，特别是其在阿萨姆邦沙地耶发现的一株高达 13.5 米、干径约 0.9 米的野生大茶树。勃鲁士根据印度有野生茶树这一理由，断定印度是茶树的原产地。另外，1877 年英国贝尔登（S・Baidond）的《阿萨姆之茶叶》、1903 年英国植物学家布雷克（J・H・Blake）的《茶商指南》、1912 年英国人勃朗（E・A・Blown）的《茶》，以及 1911 年出版的《日本大辞典》等著作都认为印度是茶树的原产地。他们的主要论据都是只有印度发现了野生茶树，而中国古书上没有野生茶树的记载，中国也没有野生大茶树，由此否认中国是茶树的原产地，并得出印度才是茶树原产地的结论。

"二源论"观点的代表人物是爪哇茶叶试验场的荷兰植物学家科恩・司徒（Cohen・Stuart）博士，他提出，茶树因形态不同可分为两大原产地：大叶种茶树原产于中国西藏高原的东南部一带，包括中国四川、云南，以及缅甸、越南、泰国、印度阿萨姆等地；小叶种茶树原产于中国的东部和东南部。

"多源论"观点的代表人物是美国学者威廉・乌克斯（W・H・Ukers）和英国学者艾登（T・Eden）。1935 年，威廉・乌克斯提出"凡自然条件有利于茶树生长的地区都是原产地"的"多源论"说，他认为茶树原产地应包括缅甸东部、泰国北部、越南、中国云南和印度阿萨姆。因为这些地区的生态条件都适宜茶树的生长繁殖。艾登在他 1958 年所著的《茶》中提出："茶树原产伊洛瓦底江发源处的某个中心地带，或者在这个中心地带以北的无名高地。"伊洛瓦底江发源处的某个中心地带指的是缅甸的江心坡，江心坡以北的无名高地指的是中国境内的云南和西藏地区。

"中国起源论"的代表人物有美国学者瓦尔茨（J・M・Walsh）、威尔逊（A・Wilson），苏联学者勃列雪尼德（E・Brelschnder），法国学者奈尔（D・Genine），日本学者志村乔、桥本实、大石贞男、松下智等。1935 年，印度茶业委员会组织了一次科学调查，对印度阿萨姆邦沙地耶地区发现的野生茶树进行了调查研究。植物学家瓦里茨（Wallich）博士和格里费（Giffich）博士通过研究发现，勃鲁士发现的野生茶树与从中国传入印度的茶树同属中国变种，至于茶树形态存在的一些差异，则是由于长时间处在野生状态的原因。

日本学者志村乔和桥本实，结合多年茶树育种的研究工作，通过对茶树细胞染色体的比较，指出中国种茶树和印度种茶树染色体数目是相同的，表明在细胞遗传学上中国种茶树和印度种茶树并无差异。之后，桥木实又三次到中国云南、广西、四川、湖南等产茶地区做调查研究，发现印度那卡型茶和野生于台湾山岳地带的中国台湾茶，以及缅甸的掸部种茶，在形态上全部相似。

日本学者松下智曾先后5次到印度的阿萨姆地区考察，未发现有野生大茶树，而栽培茶树的特征、特性与云南大叶种茶相同。又因为阿萨姆地区从事茶树种植业的村民多数为景颇族，且仍然保留着云南景颇族的生活习俗。所以松下智认为阿萨姆茶种是早年由云南景颇族人带过去的。从而松下智提出茶树的原产地在中国云南南部的观点。

上述“起源论”的四种观点，除了“中国起源论”以外，其他三种无一不是从1824年勃鲁士在印度发现野生大茶树以后开始的，这些观点的主要依据是中国境内没有发现野生大茶树和中国古书中没有关于野生大茶树的记载。

如今已有证据表明，我国西南地区是山茶属植物、野生大茶树分布最集中、数量最多的地区。全世界山茶科植物有23个属380多种，其中我国有15个属260余种，而且大部分在云南、贵州、四川一带。这是茶树原产地植物区系的重要标志。

我国还是野生大茶树发现最早、数量最多的国家。唐代陆羽在《茶经》中提道：“茶者，南方之嘉木也，一尺二尺，乃至数十尺；其巴山峡川，有两人合抱者……”宋代宋子安在《东溪试茶录》中提道：“柑叶茶，树高丈余，径七八寸。”云南《大理府志》也曾记载：“点苍山……，产茶树高一丈。”由这些记载可知，我国古代文献中早已有发现野生大茶树的记载。现如今，我国已在10多个省、市、自治区200多处发现野生大茶树。我国云南省干径在1米以上的大茶树就有20多株。例如，1981年在龙陵县发现的一株老茶树，干径达1.23米；1983年在镇沅县千家寨发现了野生大茶树群落，其中千家寨1号树高25.6米、干径1.2米，千家寨2号树高19.5米、干径1.02米；1985年在凤庆县新源发现的本山大茶树干径1.35米；2002年在双江县勐库大雪山发现了树高10米以上的野生大茶树群落。野生大茶树如图3–1–1所示。

图3–1–1　野生大茶树

另外，茶叶的生物学研究、古地质学研究、古气候学研究结果均表明中国西南地区是茶树的原产地。中国也是世界上最早确立“茶”字字形、字音和字义的国家，现今世界各国的"茶"字及"茶叶"译音均源于中国。中国还有世界上最古老、保存最多的茶文物和茶典籍，唐代陆羽的《茶经》是世界上第一本茶书，这些都表明中国是茶树的原产地。

因此，今天的国际植物学界和茶学界普遍认为茶树的原产地是中国云南和四川一带。

2. 茶树的演变

茶树的演变又被称为茶树的进化，是指茶树形态特征、生理特性、代谢类型、利用功能等在地理环境变迁和人类活动影响下所发生的连续的、不可逆转的变化。

（1）茶树起源的推论。20 世纪 80 年代初，云南省地矿局何昌祥等在云南景谷发现了渐新世"景谷植物群"化石，共有 19 科、25 属、36 种，其中就有宽叶木兰。在野生茶树分布最集中的滇西南也发现了木兰化石。何昌祥将第三纪地层化石宽叶木兰和中华木兰所处的生态环境及其形态特征与现今云南地区的野生大茶树进行比较后认为，二者都具有喜温、喜湿、需酸、适宜在酸性土壤中生存的特性，是南亚热带—亚热带雨林环境下的适生植物，从形态特征看，同是乔木树型，叶片有卵圆、椭圆形。叶基部楔形或钝圆形，叶柄粗壮，叶缘全缘波状；中脉粗直，侧脉 9 对左右，从中脉生出，不达边缘；叶基部夹角略大，近叶缘处连接成环，细脉成网状。这些形态特征与野生茶树的一些变异类型十分相似。由此他推论，茶树是由第三纪宽叶木兰经中华木兰进化而来的。

1994 年，湖南农业大学陈兴琰教授据有关资料分析后认为，最早出现的被子植物是木兰目，经过五桠果目演化成山茶目，而茶树是由山茶目的山茶科山茶属演化而来的。

（2）茶树演化的推论。山茶科山茶属植物起源于白垩纪至新生代第三纪，它们分布在劳亚古大陆的热带和亚热带地区。我国的西南地区位于劳亚古大陆南缘，在地质上，喜马拉雅山运动发生前，这里气候炎热，雨量充沛，是当时热带植物区系的大温床。我国植物分类学家关征镒在 1980 年出版的《中国植被》一书中指出："我国的云南西北部、东南部、金沙江河谷、川东、鄂西和南岭山地，不仅是第三纪古热带植物区系的避难所，也是这些区系成分在古代分化发展的关键地区……这一地区是它们的发源地。"而后地质演变导致喜马拉雅山的上升运动和西南台地横断山脉的上升，形成了断裂的山间谷地，使本属同一气候区的地方出现了垂直气候带，即热带、亚热带和温带，茶树亦被迫同源分居。在各自不同的地理环境和气候条件下，经过漫长的历史过程，不同气候带茶树的形态结构、生理特性、物质代谢等都逐渐发生变化，以适应新的环境。

例如，生长在热带雨林中的茶树，形成了喜高温高湿、耐酸耐荫的乔木或小乔木大叶型形态；生长在温带气候条件下的茶树，则形成了耐寒耐旱的特性，并朝灌木矮丛小叶方向变化；生长在亚热带气候条件下的茶树，形态特征和生理特性介于以上两者之间。

（3）人类对茶树演变的影响。中国是人工栽培茶树最早的国家。茶树从野生型被驯化为栽培型，就是人类进行茶树选种、育种的过程。唐代陆羽《茶经》记载："茶之为饮，发乎神农氏。"但是由于神农氏距今过于久远，也无其他更早文字记载，几乎不可考。到了西汉时期，王褒《僮约》中出现"烹茶尽具""武阳买茶"的记载，王褒是西汉时期著名的文学家，蜀资中（今四川资阳）人，他在《僮约》里提到的武阳是有记载的最早的茶叶交易市场，这也从侧面说明了四川地区在 2 000 年前就已经成规模地栽培茶树并且从事茶叶贸易活动了。

唐代陆羽在《茶经》中指出："野者上，园者次。阳崖阴林，紫者上，绿者次；笋者上，芽者次；叶卷上，叶舒次。"通过此处的"野者上"和"园者次"可以看出，当时人们已知野生茶树和园地人工栽培型茶树的区别了；"紫者上，绿者次；笋者上，芽者次；叶卷上，叶舒次"的描述，证明当时人们已经知道茶树品种性状与茶叶品质之间的关系了。

北宋时期宋子安的《东溪试茶录》按照茶树形态、叶片大小、叶片颜色和发芽时间的早晚将茶树分为 7 类，分别是白叶茶、柑叶茶、早生茶、细叶茶、稽茶、晚生茶和丛茶。到了清代中期，我国福建地区的茶农已经发明茶树无性繁殖法，并用以进行单株选种，先后选育出一大批优质的无性系良种和优质单株，如福鼎大白茶、福鼎大毫茶、铁观音、水仙、毛蟹、大红袍等。

我国的茶树专业育种开始于安徽祁门茶业改良场。1936 年 1 月，我国著名茶学家庄晚芳制定了《茶树品种改良暂行简易办法》。20 世纪 40 年代初，福建崇安茶业研究所曾开展茶树品种调查等工作，但由于当时处在战争年代，茶树品种调查以及茶树品种改良等工作难以开展。直到 20 世纪 50 年代中期，安徽、福建、浙江、湖南等地茶叶科研单位和农业院校陆续开展茶树品种调查、引种、单株选种等工作。1958 年，中国农业科学院茶叶研究所成立后，茶树育种工作开始进入有组织、有计划时期。

除中国以外，最早开始茶树育种研究的国家是日本。1877 年，日本便开始了适宜制作绿茶的茶树品种的选育；1924 年，采用杂交法选育适宜制作红茶的茶树品种；1940 年，在鹿儿岛建立茶树原种圃。其次是印度，1900 年，印度托克莱茶叶试验场成立，随即采用杂交法重点选育适宜制作红茶的茶树品种。苏联茶树育种开始于 1929

年，采用选择、杂交和定向培育相结合的方法，育成格鲁吉亚和科尔希达系列品种。斯里兰卡的茶树品种选育工作开始于 1925 年，当时的锡兰茶叶研究所成立以后便将品种选育工作当成了首要任务。

（4）茶树的品种。茶树品种的含义包括种质资源、遗传变异、育种方法、良种推广、品种审定、繁育体系等多方面内容。

1）茶树种质资源。茶树种质资源又称品种资源、遗传资源、基因库存。从广义上讲，两株不同基因型的茶树就应视为两份种质。

茶树种质资源是发展茶叶生产、加强科学研究的物质基础。例如，通过进行形态和主要经济性状鉴定，把产量高、品质优良或抗性强、遗传性稳定的品种直接或稍加改良后当作栽培品种应用。利用抗性基因开展茶树育种，克服栽培育种中的某种弱点或不足，提高育种效果。茶树种质资源中种（变种）的多样性、分布区域的集中性、性状变异的连续性，为研究茶树起源与演化提供了全面翔实的材料。

中国是茶树种质资源最丰富的国家，有野生大茶树、农家品种、育成品种、品系、名丛、珍稀材料、引入品种、近源植物等资源。茶树品种福选九号如图 3–1–2 所示。

图 3–1–2　福选九号

2）茶树品种的命名与分类。茶树品种命名没有统一规定，归纳而言，大体有 8 种情况。

①以品种产地命名。例如，产于浙江省杭州市淳安县的鸠坑种，产于安徽省黄山市的黄山种，产于江西省九江市修水县（原称宁州）的宁州种，产于江苏省宜兴市的宜兴种。

②以品种象形命名。例如，叶小如瓜子的瓜子种，叶似柳树叶的柳叶种，叶形如槠树叶的槠叶种。

③以叶片大小命名。例如，小叶种、中叶种和大叶种。

④以发芽迟早命名。例如，早生种、中生种、晚生种、清明早、不知春等。

⑤以芽叶或叶片色泽和茸毛多少命名。例如，紫芽茶、白茶、白毛茶等。

⑥根据产地并结合芽叶性状命名。例如，产于云南省西双版纳傣族自治州勐海县的勐海大叶种，产于福建省福鼎市芽叶茸毛多、芽色银白的福鼎大白茶等。

⑦按品种特点命名。例如，叶片如槠树之叶、发芽整齐的槠叶齐，芽叶黄绿色、发芽早的菊花春，新梢生育期长、霜降前后仍有芽叶可采的迎霜。

⑧冠以地名或单位并加以编号的新品种。例如，龙井 43 为中国农业科学院茶叶研究所育成的适制龙井茶品种，浙农 25、浙农 113 等为浙江农业大学育成的新品种，台茶 1 号至台茶 15 号是由我国台湾地区茶叶试验场育成的。

茶树品种分类也无统一方法，普遍采用的是将树型、叶片大小和发芽迟早作为三个分类等级。树型分乔木型、小乔木型和灌木型三种。叶片大小分特大叶类、大叶类、中叶类和小叶类四类。发芽迟早分早生种、中生种和晚生种三种。

3）茶树的国家品种。全国茶树良种审（认、鉴）定委员会于 1985 年认定了 30 个品种为国家品种，其中 13 个无性系品种，17 个有性系品种：福鼎大白茶、福鼎大毫茶、福安大白茶、梅占、政和大白茶、毛蟹、铁观音、黄棪、福建水仙、本山、大叶乌龙、大面白、上梅洲、勐库大叶种、凤庆大叶种、勐海大叶种、乐昌白毛茶、海南大叶种、凤凰水仙、宁州种、黄山种、祁门种、鸠坑种、云台山种、湄潭苔种、凌云白毫茶、紫阳种、早白尖、宜昌大叶种、宜兴种。

1987 年认定了 22 个无性系品种：黔湄 419 号、黔湄 502 号、福云 6 号、福云 7 号、福云 10 号、槠叶齐、龙井 43 号、安徽 1 号、安徽 3 号、安徽 7 号、迎霜、翠峰、劲峰、碧云、浙农 12 号、蜀永 1 号、英红 1 号、蜀永 2 号、宁州 2 号、云抗 10 号、云抗 14 号、菊花春。

1994 年审定了 24 个无性系品种：桂红 3 号、桂红 4 号、杨树林 783 号、皖农 95 号、锡茶 5 号、锡茶 11 号、寒绿、龙井长叶、浙农 113 号、青峰、信阳 10 号、八仙茶、黔湄 601 号、黔湄 701 号、商芽齐、槠叶齐 12 号、白毫早、尖波黄 13 号、蜀永 3 号、蜀永 307 号、蜀永 401 号、蜀永 703 号、蜀永 808 号、蜀永 906 号。

1998 年审定了宜红早。

2002 年审定了 18 个无性系品种：凫早 2 号、岭头单丛、秀红、五岭红、云大淡绿、赣茶 2 号、黔湄 809、舒茶早、皖农 111、早白尖 5 号、南江 2 号、浙农 21、鄂茶 1 号、中茶 102、黄观音、悦茗香、茗科 1 号、黄奇。

2003 年审定了无性系品种桂绿 1 号。

2005 年审定了无性系品种名山白毫 131。

2010 年审定了 26 个无性系品种：霞浦春波绿、春雨 1 号、春雨 2 号、茂绿、南江 1 号、石佛翠、皖茶 91、尧山秀绿、桂香 18、玉绿、浙农 139、浙农 117、中茶 108、中茶 302、丹桂、春兰、瑞香、鄂茶 5 号、鸿雁 9 号、鸿雁 12 号、鸿雁 7 号、鸿雁 1 号、白毛 2 号、金牡丹、黄玫瑰、紫牡丹。

2012 年审定了无性系品种特早 213。

此外，近年来增加了无性系新品种：云茶 1 号、紫鹃、可可茶 1 号、可可茶 2 号、御金香、黄金斑、金玉缘等。

三、茶树的形态

1. 茶树的外形

茶树的地上部分，在无人为控制的情况下，因分枝性状的差异，植株分为乔木型、小乔木型和灌木型三种。

（1）乔木型茶树（见图 3–1–3）。乔木型茶树有明显的主干，分枝部位高，通常树高 3～5 米。

（2）小乔木型茶树（见图 3–1–4）。小乔木型茶树在树高和分枝上都介于灌木型茶树与乔木型茶树之间。

（3）灌木型茶树（见图 3–1–5）。灌木型茶树没有明显的主干，分枝较密，多近地面处，树冠短小，通常为 1.5～3 米。

图 3–1–3　乔木型茶树

图 3–1–4　小乔木型茶树

图 3–1–5　灌木型茶树

茶树的树冠根据分枝角度、密度的不同，分为直立状、半直立状、披张状三种。目前，人工栽培的茶园为了茶叶的优质和高产，科学地培养植株和树冠已是栽培管理上的重要环节。运用修剪和采摘技术，培养健壮均匀的骨干、扩大分枝的密度和树冠的幅度、增加采摘面、控制茶树适中的高度等，有效地提高了产量和质量，也方便了采摘和管理。

2. 茶树的组成

（1）茶树的根。茶树的根由主根、侧根、细根、根毛组成，为轴状根系。主根由种子的胚根发育而成，在垂直向下生长的过程中，分生出侧根和细根，细根上生出根毛。主根和侧根构成根系的骨干，寿命较长，起固定、输导、储存等作用。细根和根毛统称吸收根，其寿命较短，可不断更新。

茶树幼年期主根发达，侧根不多，主要向土壤深层发展；至成年期，根系逐渐向广度发展，根幅可达 1 米以上；至衰老期，根系由外向内逐步死亡。

根系的分布除受树龄影响外，还因土壤条件、品种、栽培方式等的影响而有一定差异。根系有向水、向肥、向阻力小的方向生长等特点。

（2）茶树的茎（见图 3-1-6）。茶树的茎，根据其作用分为主干、主轴、骨干枝和细枝。分枝以下的部分称为主干，分枝以上的部分称为主轴。主干是区别茶树类型的重要根据之一。

图 3-1-6　茶树的茎

茶树的分枝分为单轴分枝和合轴分枝。幼年期的茶树是单轴分枝，主茎生长旺盛，形成明显的直立主枝。成年期茶树主枝到达一定高度后，生长变缓慢，侧枝迅速产生，使分枝层次增加，形成合轴分枝，树冠成为披张状。及时修剪可以控制主茎向上的生长优势，使树冠达到展开状态。

在茎上，长出叶和芽的地方叫节，两节之间的一段叫节间，叶脱落后留有叶痕。芽又分叶芽和花芽，叶芽展开后形成的枝叶称新梢。新梢展叶后，分为一芽一叶梢、一芽二叶梢，摘下后即是制茶用的鲜叶原料。

茶树的枝茎有很强的繁殖能力，将枝条剪下一段插入土中，在适宜的条件下即可生成新的植株。

（3）茶树的叶（见图 3–1–7）。茶树的叶片是制作饮料茶叶的原料，也是茶树进行呼吸和光合作用的主要器官。

图 3–1–7　茶树的叶

茶树的叶由叶片和叶柄组成，没有托叶，属于不完全叶。在枝条上为单叶互生，着生的状态因品种而不同，有直立状、半直立状、水平状、下垂状 4 种。叶面为革质，较平滑，有光泽；叶背无革质，较粗糙，有气孔，是茶树交换体内外气体的通道。

茶树叶片的大小、色泽、厚度和形态，因品种、季节、树龄及农业技术措施等的不同而有显著差异。叶片形状有椭圆形、卵形、长椭圆形、倒卵形、圆形等，以椭圆形和卵形为最多。成熟叶片的边缘上有锯齿，一般为 16 ~ 32 对；叶片的叶尖有急尖、渐尖、钝尖和圆尖之分；叶片的大小，长的可达 20 厘米，短的 5 厘米，宽的可达 8 厘米，窄的仅 2 厘米。

以成熟叶为例。茶树叶片的叶脉呈网状，有明显的主脉，由主脉分出侧脉，侧脉又分出细脉。侧脉与主脉呈 45° 左右的角度向叶缘延伸，延伸至 2/3 处时，即呈弧形向上弯曲，并与上一侧脉连接，组成一个闭合的网状输导系统，这是茶树叶片的重要特征之一。

茶树叶片上的茸毛，即一般常指的“毫”，也是它的主要特征。茶树的嫩叶背面着生茸毛，这是鲜叶细嫩、品质优良的标志，茸毛越多，表示叶片越嫩。一般从嫩芽、幼叶到嫩叶，茸毛逐渐减少，到第四叶叶片成熟时，茸毛便已不见了。

（4）茶树的花（见 3–1–8）。花是茶树的生殖器官之一。茶树的花可分为花托、花萼、花瓣、雄蕊、雌蕊 5 个部分，属于完全花。茶树的花为两性花，多为白色，少数呈淡黄或粉红色，稍微有些芳香。花瓣通常为 5 ~ 7 瓣，呈倒卵形，基部相连，大小因品种不同而异。

图 3–1–8　茶树的花

花由授粉至果实成熟，大约需一年

四个月。在此期间，茶树不断产生新的花芽，陆续开花、授粉，产出新的果实。同时进行花与果的形成，这也是茶树的一大特征。

（5）茶树的果实与种子（见图 3–1–9）。茶树的果实是茶树进行繁殖的主要器官。果实包括果壳、种子两部分，属于植物学中的宿萼蒴果类型。

果实的形状因发育籽粒的数目不同而异，一般一粒者为圆形，两粒者近长椭圆形，三粒者近三角形，四粒者近正方形，五粒者近梅花形。果壳幼时为绿色，成熟后变为褐色。果壳起到保护种子发育和帮助种子传播的作用，其质地较坚硬，成熟后会裂开，种子自然落于地面。

茶树的种子多为褐色，也有少数为黑色、黑褐色，大小因品种不同而异，结构可分为外种皮、内种皮与种胚三部分。辨别茶树种子质量的标准是：外壳硬脆，呈棕褐色，在正常采收和保管下，发芽率为 85% 左右。

图 3–1–9　茶树的果实与种子

四、茶树生长环境与栽培

1. 茶树的生长环境

茶树在生长过程中不断和周围环境进行物质和能量的交换，既受环境制约，又影响周围环境。因此，合理地选择自然环境和适当地进行人工调整，是保证茶树质量和保持周围环境的关键，如图 3–1–10 所示。

（1）气候。茶树性喜温暖、湿润，在南纬 45° 与北纬 38° 间都可以种植，最适宜的生长温度为 18 ~ 20 摄氏度，不同品种对温度的适应性有所差别。一般来说，小叶种茶树的抗寒性与抗旱性均比大叶种强。茶树生长需要年降水量为 1 000 ~ 1 600 毫米，且分布均匀，早晚有雾，空气相对湿度保持在 85% 左右。这种环境条件较有利于茶芽发育并可保证茶青品质。长期干旱或湿度过高均不适宜茶树生长栽培。

（2）日照。茶树极需日光。日照时间长、光度强时，茶树生长迅速，发育健全，不易患虫害病，且叶中多酚类化合物含量增加，适于制造红茶。反之，茶树受日光照射少，则茶质薄，不易硬化，叶色富有光泽，多酚类化合物少，适宜制绿茶。紫外线对于提高茶汤的水色及香气有一定影响。高山所受紫外线的辐射较平地多，且气温低、霜日多、生长期短，所以高山茶树矮小，叶片亦小，茸毛发达，叶片中含氮化合物和芳香物质较多，故高山茶香气优于平地茶。

图 3-1-10　茶树生长环境

（3）土壤。茶树适宜在土质疏松，土层深厚，排水、透气性良好的微酸性土壤中生长，如砖红壤、赤红壤、黄壤、山地灰黄壤等。茶树虽在不同种类的土壤中都可生长，但以酸碱度（pH 值）在 4.5 ~ 5.5 范围内为最佳。茶树要求土层深厚，至少 1 米以上其根系才能发育和生长，若有黏土层、硬盘层或地下水位高，则不适宜种茶。碎石含量不超过 10%，且含有丰富有机质的土壤是较理想的茶园土壤。

2. 茶树的栽培

（1）茶树育苗。茶树作为异交作物，其遗传物质极其复杂，有性繁殖的后代无法保存品种原有特性。因此，目前均采用无性繁殖的方式——扦插育苗法。

扦插是剪取茶树植株的某一营养器官，如枝、叶、根的一部分，按一定方法栽培于苗床上，使其成活为茶树幼苗。扦插育苗法取材方便，成本低，成活率高，繁殖周期短，能充分保持母株的性状和特性，有利于良种的推广，而且育成的茶苗品种纯正，长势整齐，便于采收及管理。目前，世界各大产茶园都已采用这种方法。

扦插成活率及幼苗质量，受品种固有遗传性及所选择枝条的强弱支配。因此，选取母树时应选择品种优良、生长健壮、无病虫害，且其枝条、叶芽无损伤的品种。剪枝前要多施有机肥料，停止采叶，促进茶芽生长，以利枝条发育健壮。

（2）茶树种植。茶树种植期为每年 11 月至次年 3 月下旬，雨季前后均可种植。不同茶区茶树种植期稍有不同，如南方应以 1 月底为宜，2 月以后白天日照强，气温高，幼苗容易枯死。北方或高山茶区，气温较低，为配合雨季，可延至 3 月底种植。

茶树的种植密度受土壤、地形、气候及品种影响而不尽相同。目前，我国采用多条密植栽种方式，宽行距为 80 厘米，窄行距为 20 ~ 30 厘米，丛距为 20 厘米，每丛 2 ~ 3 株，每公顷种植 18 万 ~ 30 万株。这种种植方式的好处是成园快，3 ~ 5 年生茶树每公顷产量可达 1 500 ~ 3 750 千克。

种植茶苗前应先施基肥，规划好行距，最好选择下雨后或微雨、浓雾、土壤湿润时，尽量避免在烈日下种植。茶苗移植应尽量就近起苗，带土移植，随挖随栽。种植后为减少叶片水分蒸发，应于离地面 20 厘米左右处行水平式剪枝，宜在幼苗两侧覆盖稻草或其他干草，以防止干旱，从而保护幼苗。

课程 3-2　茶叶种类

一、基本茶类

1. 绿茶

绿茶也被称为“不发酵茶”。制作时不经过发酵，干茶、汤色、叶底均呈绿色，接近茶的原始风味。绿茶以茶树的新鲜芽叶作为原料，经杀青、揉捻、干燥三道工序制作而成。根据杀青方式和最终干燥方式的不同，分为炒青绿茶、烘青绿茶、晒青绿茶和蒸青绿茶四类。炒青绿茶的典型信阳毛尖，如图 3-2-1 所示。

图 3-2-1　信阳毛尖

绿茶是我国六大茶类中发端较早的一种茶，其历史悠久。中国人对茶叶的使用经历了从直接咀嚼到生煮羹饮，再到晒干储藏的发展演变过程。人们在长期生产实践中发现，晒干储藏的茶叶并不能保持茶叶独有的香气和鲜爽度，于是开始研究能够长时间保留住茶叶香气与滋味的方法。真正意义上的绿茶加工，是从唐代确定蒸青制法开始的。

陆羽《茶经・三之造》记述了茶叶的蒸青制法，即“晴，采之，蒸之，捣之，拍之，焙之，穿之，封之，茶之干矣”。

《茶经》所介绍的蒸青制法，可能就是当时最负盛名的贡茶（长兴顾渚紫笋和宜兴阳羡茶）的制作方法。唐代虽以制造团饼茶为主，但也有其他茶类。陆羽《茶经》称：“饮有粗茶、散茶、末茶、饼茶者。”北宋初年有蜡面茶、散茶、片茶三类，《宋史・食货志》记载：“……散茶出淮南、归州、江南、荆湖，有龙溪、雨前、雨后之类十一等。”但上述茶类基本上只有原料老嫩和外形形态上的区别，其制作方法基本相同，都属于经过蒸青的不发酵茶叶，只是对饼茶制作工序的简化和省略。

到了宋代，当时北苑贡茶的制作方法分为蒸茶、榨茶、研茶、造茶、过黄、烘茶等步骤。与唐代制茶工艺相比，北苑贡茶的制作方法出现了几点显著区别：一是蒸茶前要用水清洗茶叶；二是改捣茶为榨茶，榨茶前还要“淋洗数过”，榨后还须研茶；三是增加了过黄这一环节，饼茶烘烤后经沸水浸泡，如此往复三次。这些工艺的主要目的是将茶叶中的汁液榨出，以解决饼茶苦涩的问题。

到了元代，人们才开始有意识地对制茶技术进行转型和发展。尤其是宋代贡茶的一些缺点，如耗时费工、添加香料会破坏茶的本性进而影响茶的品质等问题，逐渐被茶人所认识，因此进一步改变了加工方法。到了元代，蒸青团茶逐渐被淘汰，散茶得以发展。元代王祯在《农书》中对当时蒸青散茶的制作工序有具体说明：“采讫，以甑微蒸，生熟得所。蒸已，用筐箔薄摊，乘湿揉之，入焙，匀布火，烘令干，勿使焦。编竹为焙，裹蒻覆之，以收火气。茶性畏湿，故宜蒻。收藏者必以蒻笼，剪蒻杂贮之，则久而不浥。宜置顿高处，令常近火为佳。”元代的蒸青散茶又以鲜叶的老嫩程度不同，分为芽茶（如紫笋、探春、拣芽）、叶茶（如雨前）等。

明代散茶更为盛行，促成这种局面的重要人物是明太祖朱元璋，他下了一道诏令，“诏建宁岁贡上供茶，罢造龙团，听茶户惟采茶芽以进，……天下茶额，惟建宁为上，其品有四，曰探春、先春、次春、紫笋。”明代邱濬在《大学衍义补》中写道：“今世惟闽广间用末茶（团茶），而叶茶之用，遍于全国，外夷亦然，世不复知有末茶矣。”由此可知，当时团茶已逐渐退出历史舞台。相较于饼茶和团茶，茶的香味在蒸青散茶中得到了更好的保留，然而使用蒸青制法仍然存在茶叶香味不够浓醇的缺点，于是人们不断研究如何通过改进茶叶制作工艺来提高香气，最终发明了炒青绿茶。

炒青绿茶的出现是一次划时代的变革，不仅大大地改善了茶的色、香、味，同时还降低了制茶成本，使绿茶的加工技法趋于成熟。目前发现最早关于炒青绿茶的记载，可以追溯到唐代。刘禹锡《西山兰若试茶歌》写道："山僧后檐茶数丛，春来映竹抽新茸。宛然为客振衣起，自傍芳丛摘鹰嘴。斯须炒成满室香，便酌砌下金沙水。……新芽连拳半未舒，自摘至煎俄顷余。"诗中"斯须炒成满室香""自摘至煎俄顷余"说的就是将茶叶鲜叶采摘下来以后进行炒制，满室生香。宋代朱翌在《猗觉寮杂记》中也提道："唐造茶与今不同，今采茶者得芽即蒸熟焙干，唐则旋摘旋炒。"清代茹敦和《越言释》记载："茶理精于唐，茶事盛于宋……今之撮泡茶或不知其所自，然在宋时有之，且自吾越人始之。案炒青之名已见于陆诗，而放翁《安国院试茶》之作有曰……日铸（浙江绍兴日铸茶）则越茶矣。不团不饼，而曰炒青曰苍龙爪，则撮沧矣。"从这些记载可见，炒青绿茶早在唐代就已萌芽，不过当时并未广泛流行。经过唐、宋、元的发展，炒青绿茶逐渐增多。到了明代，炒青制法已相当完善，这在明代不少茶书里都有较详细的记载。

明代张源《茶录》在"造茶"一节中记述："新采，拣去老叶及枝梗碎屑。锅广二尺四寸，将茶一斤半焙之，候锅极热，始下茶急炒。火不可缓，待熟方退火，撤入筛中，轻团挪数遍，复下锅中，渐渐减火，焙干为度。"

许次纾《茶疏》中说："生茶初摘，香气未透，必借火力，以发其香，然性不耐劳，炒不宜久。……炒茶之器，最嫌新铁……炒茶之薪，仅可树枝，不用干叶。"

从这些文献记载可以看出，明代已经熟练掌握高温杀青的炒青绿茶制法，而在明代炒青绿茶工艺成熟的基础上，烘青绿茶和晒青绿茶也相继出现。

绿茶历经数千年的发展，已经成为我国产量最大的茶类品种，我国各大产茶省市、地区均有绿茶生产加工。名优绿茶众多，各地生产的绿茶花色已超过千余种。绿茶还是我国消费量最大的茶类，占我国茶叶总消费量的半数以上。

2. 白茶

白茶起源于福建，有着不炒不揉、日晒而成的独特制作工艺，其成茶满披白毫，色泽银白鲜绿，所以被称为白茶。白茶的典型白毫银针，如图 3–2–2 所示。

最早出现白茶的记载是陆羽《茶经》，其引《永嘉图经》："永嘉县东三百里有白茶山。"永嘉县位于浙江省南部，属温州市辖区，与今天白茶主要产区政和、福鼎一带相毗邻。宋徽宗赵佶《大观茶论》中也曾记载一种白茶："白茶自为一种，与常茶不同。其条敷阐，其叶莹薄。崖林之间偶然生出，盖非人力所可致，正焙之有者不过四五家，生者不过一二株，所造止于二三胯而已。芽英不多，尤难蒸焙。汤火一失，则已变而为常品。须制造精微，运度得宜，则表里昭澈，如玉之在璞，他无与伦也。浅焙亦有之，但品格不及。”这两处所讲的白茶，都不是现在所说的六大基本茶类中的白茶，而是特指白化茶树种。这种白化茶树种的叶片呈白色，且制作方法与绿茶类似，都是蒸青以后再进行制作。上文所指的白茶与今天的安吉白茶、印雪白茶类似，都是白化茶树种所产原料制作而成的绿茶。

图 3-2-2　白毫银针

最早出现类似白茶工艺的记载在明代，田艺蘅《煮泉小品》记载：“芽茶以火作者为次，生晒者为上，亦更近自然，……生晒茶瀹之瓯中，则旗枪舒畅，清翠鲜明，尤为可爱。”这里提到的“生晒者”，以及“旗枪舒畅，清翠鲜明”的成茶特征与现代白茶的工艺和特征已基本吻合。

茶界泰斗张天福先生在《福建白茶的调查研究》一文中提出，现代白茶的起源应该以清朝嘉庆元年在福鼎创制的银针为标志。另一位茶学家张堂恒也表达了相似的观点，在其著作《中国制茶工艺》一书中提到，乾隆六十年，福鼎茶农采摘当地菜茶（有性群体种）的壮芽来制造白毫银针。

咸丰六年，从太姥山发现茶树良种福鼎大白茶。福鼎大白茶芽壮、毫显、香多，所制白毫银针外形、品质远远优于菜茶所制银针；光绪七年，福鼎又发现了茶树良种福鼎大毫茶。福鼎茶人开始改用福鼎大白茶和福鼎大毫茶的壮芽来制作白毫银针，并在光绪十二年形成规模化商品交易。由福鼎大白茶和福鼎大毫茶制作而成的白毫银针其出口价格是原菜茶加工银针（后来被称为土针）的十多倍。

道光初年，水吉大湖岩叉山水仙茶树被发现，后来又引进大白茶树品种。同治九年，水吉茶农以大白茶芽始制银针，并首创白牡丹。光绪年间，香港、广州、潮汕等地的茶商到水吉开设茶庄经营白茶。最盛时，水吉有 60 多家茶商字号。

白茶问世之后，主要用于外销。道光年间，白茶开始远销甘肃等西北地区。道光九年有“百斤纳税银一两”的记载。此后，随着侨销的发展，白茶开始大量向东南亚输出。同治七年，白茶开始大量销往马来西亚、越南、缅甸、泰国等东南亚地区。

20 世纪 70 年代，为了满足外销的需求，提高白茶的茶汤浓度，增加比重，福鼎茶厂创造了白茶的新工艺制法。其主要工艺特点是将萎凋叶进行短时、快速揉捻，然后迅速烘干，生产出的白茶条索更紧结、汤色加深、浓度加强。如今，福建的白茶主要产区是福鼎、政和、建阳等地，主要茶树品种是福鼎大白茶和福鼎大毫茶。

3. 黄茶

黄茶是一种轻发酵茶，加工工艺接近绿茶，只是在干燥过程前后，增加了一道独特的闷黄工艺，促使其多酚类物质、叶绿素等物质部分氧化，造就其“黄汤黄叶”的品质特征。黄茶的口感独特，甜爽甘醇，是六大茶类中极具特色的一种茶。黄茶的典型霍山黄大茶，如图 3–2–3 所示。

图 3–2–3　霍山黄大茶

黄茶这一称谓自古至今有之，然而不同时期对黄茶的定义却并不相同，不能简单地将历史上所有称“黄茶”的茶都等同于今天所说的黄茶。历史上，被称作“黄茶”的茶主要是因为茶树鲜叶自然显黄而得名的。这种黄茶与因白化树种得名的“白茶”一样，都是因为茶树鲜叶自然颜色而得名。

另外，还有因干茶和茶汤显黄而得名的“黄茶”。在未产生系统的茶叶分类理论之前，大多数人都是凭借感官来称呼一款茶的。“黄汤黄叶”是黄茶的品质特征，所有的黄茶都具备这一特征。但是，并不是所有具备这一特征的茶都是黄茶。如果仅凭感官认知的话，就很容易混淆黄茶和其他茶类。

现代意义上的黄茶，要经过独特的闷黄工艺加工而成。闷黄工艺是现代黄茶制作工艺的核心，它不仅能使黄茶在外观形态上发生变化，更重要的是能改变黄茶的内在品质，是使黄茶形成区别于其他茶类特征的核心因素。

黄茶的起源至今难有定论，很多学者认为黄茶是在茶叶加工过程中因制作有误而偶然得之的，还有一部分学者认为黄茶制作技术的出现是有意而为之。不管是无意得之还是有意为之，黄茶的出现肯定是中国茶叶加工工艺发展史上的必然。我国历来便是茶叶消费大国，茶叶需求量大，再加上先辈制茶人敢于创新，勇于探索，才形成以六大基本茶类为基础，茶叶花色品种多达数千种的茶业盛况。

黄茶是历史名茶，它的发展经历了一个漫长的过程，其生产制作技术也经历了一个“实践、认识、再实践、再认识”的过程。

宋代赵汝砺《北苑别录》记载：“茶既熟，谓茶黄，须淋洗数过，方入小榨，以去其水，又入大榨，以出其膏。”然后还需要研茶，研茶时需要“分团酌水，亦皆有数”。

研茶过后需要“过黄”，过黄的过程也相对复杂，需要“初入烈火焙之，次过沸汤爁之，凡如是者三，而后宿一火，至翌日，遂过烟焙焉。然烟焙之火不欲烈，烈则面炮而色黑。又不欲烟，烟则香尽而味焦，但取其温温而已。”过黄这一工艺仅见于北苑贡茶的制作，按照记载，过黄需要用烈火焙茶，焙完之后还要用沸水浸泡，此过程需要重复三次。其实过黄这一环节就是使茶叶在高温、高湿的环境下发生反应，与现代黄茶在湿热的环境下发生反应有着异曲同工之妙。

在散茶的制作过程中采用闷黄技术创制黄茶的年代，约在 16 世纪后期。《茶疏》记载：“其实产霍山县之大蜀山也。茶生最多，名品亦振。河南、山陕人皆用之。南方谓其能消垢腻，去积滞，亦共宝爱。顾彼山中不善制造，就于食铛大薪炒焙，未及出釜，业已焦枯，讵堪用哉？兼以竹造巨笱，乘热便贮，虽有绿枝紫笋，辄就萎黄，仅供下食，奚堪品斗？”

《茶疏》中的这段话虽然是批评当地制茶技术不好，使绿茶变成黄茶，但也记录了明代的黄茶制作工艺。这里记述的黄茶制作工艺与当今霍山黄大茶的制法大致相同，而焦味和闷黄正是黄大茶的特征。其特别提到的“兼以竹造巨笱，乘热便贮，虽有绿枝紫笋，辄就萎黄”，当是霍山黄茶的制法起源。而渥黄过程（黄小茶的摊黄、黄大茶的渥闷），也正是黄茶与绿茶在加工工艺上的根本区别。

1832 年，朝鲜使臣金景善出使北京，其著作《燕辕直指》一书中称北京饮茶“茶品不一，而黄茶、青茶为恒用”。从中可知，到 19 世纪前期，黄茶已经成为北京常见茶类。

清末至民国时期，由于战乱频发，黄茶产量日益减少，很多种类甚至绝迹失传，黄茶生产陷入了低谷期。直到 20 世纪 70 年代后，黄茶生产才日渐复苏。目前，黄茶产销规模逐年扩大。湖南、安徽、四川、浙江、湖北等省生产的黄茶数量日益增长，并逐渐为国内消费市场所接受，黄茶的需求量与日俱增。

4. 乌龙茶

乌龙茶是中国六大茶类之一，因色泽青褐如铁，也被称为青茶。乌龙茶属于半发酵茶，源于福建，是以适宜的茶树新芽叶为原料，经过采摘、晒青、摇青、炒青、揉捻、烘焙等复杂工序制作出来的品质优异的茶类。乌龙茶的条索粗壮，色泽多呈青色，由于发酵程度的差异，不同的乌龙茶其干茶色泽也不同。冲泡之后，汤色黄红，有一股浓郁如梅似兰的幽香，其滋味醇厚回甘，既有绿茶的鲜浓，又有红茶的甜醇。因其叶片中间为绿色，叶缘呈红色，故有“绿叶红镶边”的美称。乌龙茶主要产于福建、广东、台湾三省，并形成以铁观音为代表的闽南乌龙、以岩茶为代表的闽北乌龙、以凤凰单枞为代表的广东乌龙、以冻顶乌龙为代表的台湾乌龙四大系列，构成一个香型丰富、茶韵独特的茶叶类别。近年来，四川、湖南等省也有少量生产。乌龙茶的典型大红袍，如图 3–2–4 所示。

图 3–2–4　大红袍

乌龙茶是极具特色的一种茶类，其历史悠久，工艺繁复，产品特征鲜明，历来受到追捧。乌龙茶起源于福建地区，这一点在学术界基本达成了共识。福建地区之所以能最早诞生工艺如此复杂的茶类，是有其先决条件的。

福建地区产茶历史悠久，其所产之茶历来为人称道。唐代孙樵在《送茶与焦刑部书》中写道："此徒皆乘雷而摘，拜水而和，盖建阳丹山碧水之乡，月涧云龛之品，慎勿贱用之。"此处所说的丹山碧水指的就是福建武夷山地区。唐末、五代时期，福建历史上首位状元徐寅在《谢尚书惠蜡面茶》中也提道："武夷春暖月初圆，采摘新芽献地仙，飞鹊印成香蜡片，啼猿溪走木兰船，金槽和碾沉香末，冰碗轻涵翠缕烟，分赠恩深知最异，晚铛宜煮北山泉。"

北宋时期，凤凰山设漕司行衙，置北苑御焙，派漕臣督造北苑贡茶。宋真宗时，北苑贡茶改造为小团茶，以龙凤图案的模具制作蒸青团茶，即以后名扬天下的龙团凤饼，又称龙凤团茶、建溪官茶等，先后有龙凤团、小龙团、密云龙、龙团胜雪等几十个品种。与此同时，民间私焙也随之兴旺，鼎盛时期，此地官私茶焙多达 1 336 处。到了北宋中后期，北苑贡茶的主要产地逐渐北移到武夷山。

北苑贡茶上贡四朝，历时 400 多年，为福建建阳乃至武夷山地区，培养了大批高技术水准的茶叶制作工人，也为福建地区积累了深厚的茶叶加工技术，为乌龙茶的诞生提供了物质条件和技术积累。著名茶界学者庄晚芳先生认为，蔡襄时期监制的北苑上品龙茶从"制法、饮茶和内容来分析，其性质属于半发酵的乌龙茶"。虽然对此观点人们今天持保留态度，但毫无疑问的是，北苑贡茶对福建乌龙茶的诞生和发展做出了有很大的贡献。

目前已知最早记载乌龙茶制法的是清代释超全。他的《武夷茶歌》和《安溪茶歌》详细介绍了福建地区乌龙茶的发展历史。

《武夷茶歌》中记载："……种茶辛苦甚种田，耘锄采摘与烘焙。谷雨届期处处忙，两旬昼夜眠餐废。道人山客资为粮，春作秋成如望岁。凡茶之产准地利，溪北地厚溪南次。平洲浅渚土膏轻，幽谷高崖烟雨腻。凡茶之候视天时，最喜天晴北风吹。苦遭阴雨风南来，色香顿减淡无味。近时制法重清漳，漳芽漳片标名异。如梅斯馥兰斯馨，大抵焙时候香气。鼎中笼上炉火温，心闲手敏工夫细。岩阿宋树无多丛，雀舌吐红霜叶醉。终朝采采不盈掬，漳人好事自珍秘。积雨山楼苦昼闲，一宵茶话留千载。重烹山茗沃枯肠，雨声杂沓松涛沸。"

这一段主要是记载当时茶叶生产的过程，以此论述种茶比种田辛苦，正好描述了当时的制茶工艺。其中"春作秋成"与如今武夷岩茶的制作周期基本吻合，还有选取原料的标准"溪北地厚溪南次""平洲浅渚土膏轻"也与今天武夷岩茶的选料要求一致。最后提到"近时制法重清漳，漳芽漳片标名异"，这里的漳是指福建漳州，说明当时漳州的制茶工艺比较先进，其制茶特点是"……大抵焙时候香气。鼎中笼上炉火温，心闲手敏工夫细……"其焙茶工艺也与今天武夷山地区的岩茶焙茶方式描述一致。不仅如此，其成茶香气"如梅斯馥兰斯馨"更是符合如今对乌龙茶香气的描述。

另有《安溪茶歌》作佐证，"安溪之山郁嵯峨，甚阴常湿生丛茶。居人清明采嫩叶，为价甚贱供万家。迩来武夷漳人制，紫白二毫粟粒芽。西洋番舶岁来买，王钱不论凭官牙。溪茶遂仿岩茶样，先炒后焙不争差"。从《安溪茶歌》的描写可以发现安溪地区生长的多是灌木型茶树，而且早期不善加工，所以只能低价出售。当时的漳州人比较擅长茶叶加工，而武夷山地区的茶叶品质又比较好，所以武夷山地区多是漳州人在进行茶叶的加工制作。经过漳州人制作的武夷山茶品质极高，名声远在海外，所以安溪地区就效仿武夷山地区的岩茶工艺，先炒后焙进行加工。

通过《武夷茶歌》和《安溪茶歌》的记载，可以得知乌龙茶制作工艺的发展脉络。乌龙茶制作工艺最早发祥于福建漳州地区，后因武夷山地区的茶叶鲜叶品质较高，漳州的制茶人便到武夷山制茶，将乌龙茶的制作工艺传到武夷山地区，从此武夷山地区的岩茶便受到大众的欢迎，名声更是远播海内外。

5. 红茶

红茶是中国六大茶类之一。红茶发源于福建武夷山地区，经过数百年的发展，现已成为风靡世界的饮品，也是世界消费量最大的茶类。红茶的典型金骏眉，如图 3-2-5 所示。

图 3-2-5　金骏眉

红茶是以适宜的茶树新芽叶为原料，经萎凋、揉捻（切）、发酵、干燥等一系列工艺过程精制而成的茶类。红茶以其红汤、红叶、香甜味醇的特点而得名。根据制作工艺的不同，红茶可以分为小种红茶、工夫红茶和红碎茶。著名的红茶品种有正山小种、祁红、滇红、闽红、宜红、川红等。

红茶的具体起源时间在学界中一直未有定论。迄今为止，有关红茶发端的说法有很多，其中尤以桐木关发源说最为普遍。

相传明朝中后期的某一年，正值春天采茶季节，就在茶农们采摘完茶青准备制茶时，桐木村里来了一支军队，军队当天驻扎在桐木村休息，占用了制茶的作坊。于是当天采摘的茶青便没有来得及制作成茶叶。等第二天军队离开时，茶青已经开始发酵变红。此时，再用来制作绿茶已经不可能了，因为绿茶是不发酵茶，采摘下来必须马上进行杀青制作，才能保证鲜爽的口感和嫩绿的外观。但茶叶作为茶农的重要经济来源，如果丢弃无疑会受到重大损失。因此，当地茶农便对其进行加工制作，然后再以当地马尾松干柴进行炭焙烘干，如此往复几次。之后，茶农将制成的茶叶运往镇上销售，没想到本是无心之作的茶叶，凭其独有的桂圆香气以及醇甜的口感受到了大量茶客的欢迎，又因为其红汤、红叶底的特点，被人们赋予了一种全新的名字——红茶。

威廉·乌克斯在《茶叶全书》中说，传教士中有葡萄牙人柯鲁兹神甫，他是到中国传播天主教的第一人，于 1556 年到达中国。1560 年左右回到葡萄牙后，他以葡萄牙文写成有关茶叶的书，书中提到“凡上等人家皆以茶敬客。此物味略苦，呈红色，可以治病，为一种药草煎成的液汁。”我国著名茶学家陈椽教授以此认为在 1560 年以前就已经出现了红茶。

清代刘埥在《片刻余闲集》中记述：“武夷茶高下，共分二种，二种之中，又各分高下数种。其生于山上岩间者，名岩茶。其种于山外地内者，名洲茶。岩茶中最高者曰老树小种，次则小种，次则小种工夫，次则工夫，次则工夫花香，次则花香。洲茶中最高者曰白毫，次则紫毫，次则芽茶。凡岩茶，皆各岩僧道采摘焙制，远近贾客于九曲内各寺庙购觅，市中无售者。洲茶皆民间挑卖，行铺收买。山之第九曲处有星村镇，为行家萃聚。外有本省邵武、江西广信等处所产之茶，黑色红汤，土名江西乌，皆私售于星村各行。”刘埥的这段记载充分说明了当时红茶的品质分类。

由上述记载可以推断出，中国的红茶制作工艺约起源于明朝中后期，而红茶工艺的发源地则应该是武夷山桐木关地区。

根据《片刻余闲集》中所记载的内容还可以看出，武夷山地区之外的其他地方，也仿制小种红茶的制法，出现了“江西乌”等红茶。我国著名茶学专家吴觉农先生提出红茶制作工艺的传播路线可能是先由崇安（今武夷山市）传到江西铅山的河口镇，再由河口镇传到修水，后又传入景德镇，由景德镇传到安徽东至，最后才传到祁门。

6. 黑茶

黑茶是中国六大茶类之一，经杀青、揉捻、渥堆、干燥等工序制作而成。黑茶属后发酵茶，与全发酵红茶的区别有：红茶的酶促反应动力来自茶叶自身，黑茶则抑制茶叶自身酶的活性，促进微生物所产生的酶进行发酵。历史上黑茶主要供应西部边疆少数民族饮用，所以又称边销茶。黑茶历史悠久，明代中后期开始生产。黑茶的年产量很大，仅次于绿茶和红茶，主要以边销为主，包括西北、西南等边疆地区，部分内销，少量外销。黑茶如图 3-2-6 所示。

图 3-2-6　黑茶

黑茶是很多紧压茶的原料。紧压茶是相对散茶而言的，指的是茶叶的一种物理状态。紧压茶的形状有方形、圆形、碗臼形、砖形、圆柱形等。制成紧压茶的目的，主要是便于长途运输和储存，以及满足生活在边疆游牧民族随身携带的需求。紧压茶因为从生产、运输到饮用经历了一个较长的过程，使得茶叶具备了“后发酵”的基础条件，故而紧压茶多属黑茶。

按照地域分布，黑茶的主要品种为湖南黑茶、湖北老青茶、四川黑茶、广西六堡茶、云南普洱茶等。由各地区黑茶压制而成的紧压茶有茯砖茶、黑砖茶、花砖茶、青砖茶、方包茶、圆茶、紧茶等。

黑茶的加工过程主要分为两步，第一步是毛茶初制，第二步是渥堆发酵。毛茶初制基本上属于绿茶的工艺范畴，绿茶加工工艺的成熟是黑茶发展的必要基础。

早期茶马互市中的茶叶流通是从绿茶开始，但是古代交通不便，运输成本极高，为了保有足够的利润空间，只能选用较粗老的原料进行加工制作，又为了方便运输，于是将茶叶制成团饼状。当时四川雅安和陕西汉中是茶马交易的主要集散地，茶商由雅安出发，经人背马驮抵达西藏至少需要两三个月甚至半年的时间。在长期的运输过程中，茶叶不可避免地会经受雨淋日晒，这种长期干湿状态转换的过程使茶叶在微生物的作用下发酵。到达销区时，茶饼颜色就会变得油黑乌润，成为一种与出发时的绿茶完全不同的新茶品，当时称乌茶。乌茶的颜色相较绿茶发生了变化，滋味也变得更加醇和，受到了边区各族人民的极大欢迎。因此，黑茶也有“在马背上形成”的说法。在后来长期的实践过程中，人们开始在初制或精制过程中增加一道渥堆的工序，于是黑茶制作工艺开始出现。

据《明史》记载，“番人嗜乳酪，不得茶，则困以病。故唐、宋以来，行以茶易马法，用制羌、戎，而明制尤密”，又有“洪武初......（太祖）又诏天全六番司民，免其徭役，专令蒸乌茶易马”。由此可以看出，明初洪武年间，四川雅安的天全县就已经成了乌茶（黑茶）的主产区。及至嘉靖三年，御史陈讲奏疏：“以商茶低伪，征悉黑茶。地产有限，仍第为上中二品，印烙篾上，书商名而考之。每十斤蒸晒一篾，运至茶司，官商对分，官茶易马，商茶给卖。”由此奏疏中不难看出，此时的黑茶需求量已经相当惊人，以至于私茶商贩因供不应求而作假，造成了官茶需要制成自己独特的包装以示区别。这种“蒸晒入篾（竹篾筐箩），印烙篾上”的包装非常有意思，时至今日，包括六堡茶在内的绝大部分黑茶依然使用这种包装和品类商标方式。

黑茶的历史悠久，多地皆有较大的生产规模，按史料记载，出现时间顺序如下。

（1）四川黑茶。四川黑茶也称四川边茶，起源于四川省，其出现年代可追溯到唐、宋时期茶马交易中早期。宋代以来，历朝官府推行茶马法。宋代便开始在四川设茶马司专管茶马互市。明代也在四川雅安、天全等地设立茶马司。清乾隆年间，规定雅安、天全、荥经等地所产的边茶专销康藏，称南路边茶；而灌县（今都江堰）、崇庆（今崇州）、大邑等地所产边茶专销川西北松潘、理县等地，称西路边茶。

（2）湖南黑茶。明朝万历年间，由于湖南所产黑茶价格便宜，所以商人多从湖南购茶越境走私贩卖。

（3）广西六堡茶。清初，在广州、潮州一带，六堡茶逐渐兴盛。至清代嘉庆年间，黑茶以其特殊的槟榔香味而被列为全国名茶之一，享誉海内外。

（4）湖北老青茶。《湖北通志》记载：“同治十年，重订崇、嘉、蒲、宁、城、山六县各局卡抽派茶厘章程中，列有黑茶及老茶二项。”这里讲的老茶即指老青茶。

二、再加工茶类

1. 花茶

花茶是一种再加工茶，是由茶叶和香花窨烘而成的，所以花茶往往富有花香。花茶以窨制所用花种命名，如茉莉花茶、牡丹绣球、玫瑰红茶、荷花茶等。

中国人窨制花茶的历史可以追溯至宋代，南宋赵希鹄《调燮类编》就曾记载各式花茶制法：“木樨、茉莉、玫瑰、蔷薇、兰蕙、橘花、栀子、木香、梅花，皆可作茶。诸花开时，摘其半含半放，香气全者，量茶叶多少，摘花为伴。花多则太香，花少则欠香而不尽美，三停茶叶一停花始称。假如木樨花，须去其枝蒂及尘垢、虫蚁，用瓷罐一层茶一层花投间至满，纸箬系固，入锅隔罐汤煮，取出待冷，用纸封裹，置火上焙干收用。诸花仿此。”从此可知，古人窨制花茶所用香花种类繁多，比今日常见的花茶种类还要多。今天基本延续了古人窨制花茶的方法，但也有所改进。例如，古人窨制花茶要把花和茶放进瓷罐，然后将瓷罐口封闭，放入锅中用热水煮，这样做是因为在热作用下香气物质散发得更快，茶叶更容易吸收花的香气。现在制作花茶基本省略了这一步骤。

除此之外，明代顾元庆、钱椿年《茶谱》还详细记载了橙茶和莲花茶两种花茶的制作方法：橙茶，“将橙皮切作细丝一斤，以好茶五斤焙干，入橙丝间和，用密麻布衬垫火箱，置茶于上烘热，净绵被罨之三两时，随用建连纸袋封裹。仍以被罨焙干收用”；莲花茶，“于日未出时，将半含莲花拨开，放细茶一撮，纳满蕊中，以麻皮略絷，令其经宿。次早摘花。倾出茶叶，用建纸包茶焙干。再如前法，又将茶叶入别蕊中，如此者数次。取其焙干收用，不胜香美”。

这里提到的莲花茶，制作方法已经非常考究，要数次进新花中窨制，费物费时。而橙茶与目前流行的柑普茶有些相似，柑普茶产于广东新会，采用云南制作的熟普洱茶为茶底料，将新会生产的大红柑采摘下后取出果肉，将普洱熟茶放入果皮内，再晒干即成。

如今的花茶种类众多，窨花茶的茶类有绿茶、白茶、乌龙茶、红茶等。所用花的种类有茉莉花、柚子花、金银花、桂花、玫瑰花、玉兰花等。主要产区分布在福建、广东、广西、安徽、云南、湖南等地。

2. 紧压茶

紧压茶（见图 3–2–7）也称“压制茶”，是以红茶、绿茶、乌龙茶、黑茶的成品茶或半成品茶为原料，经蒸压后形成的具有一定形状的团块茶。因此，紧压茶属于再加工茶类。现代紧压茶与古代的团茶、饼茶在原料和工艺上有所不同，古代团茶是由采摘的茶树鲜叶经蒸青、磨碎、压模成形后干燥制成的。现代紧压茶是以毛茶再加工，蒸压成形制成的。根据原料茶类的不同，紧压茶可分为绿茶紧压茶、白茶紧压茶、红茶紧压茶、乌龙茶紧压茶和黑茶紧压茶。

图 3–2–7　紧压茶

绿茶紧压茶的主要品种有云南的沱茶、方茶、青饼（七子饼）、青砖，广西的粑粑茶、黄土茶，四川的毛尖、芽细，重庆的沱茶，贵州的古钱茶，安徽的安茶等。

黑茶紧压茶的主要品种有湖南的黑砖、茯砖、花砖、花卷茶，湖北的老青砖，四川雅安的康砖、金尖、方包、圆包茶，云南的紧茶、圆茶、饼茶，广西的六堡茶等。

白茶紧压茶的主要品种有福建福鼎、政和等地的白毫银针饼、白牡丹饼、贡眉饼、寿眉饼等。

红茶紧压茶的主要品种有湖北赤壁的米砖、小京砖等。

乌龙茶紧压茶的主要品种有福建漳平的漳平水仙等。

三、非茶之茶

非茶之茶指的是借用茶名而并非茶属的饮品。中国人饮茶历史悠久，茶早已成为了一种文化符号而不单指茶本身。在此过程中，茶被赋予了更多的内涵。例如，用药材制成的汤剂、民俗称法的食物、其他植物加工而成的饮品，这些都是非茶之茶。

用药材制成的汤剂有广东地区的凉茶，凉茶中常用的中草药有木蝴蝶、淡竹叶、金钱草、金银花、菊花、苦丁、罗汉果等，它们其实都是中药汤剂，和茶并无关系。

以茶为名的食物就更多了，例如，我国四川一带的油茶、东南亚地区流行的肉骨茶，都是没有茶成分的食物。

以其他植物加工而成的饮品是最为普遍的非茶之茶，例如，以菊花花朵阴干而成的菊花茶，以玫瑰花朵制成的玫瑰花茶，以及荷叶茶、茉莉花茶、柠檬茶等。此外还有杜仲茶、冬瓜茶、绞股蓝茶、刺五加茶、玄米茶等具有保健疗效的非茶之茶饮品。花果茶如图 3-2-8 所示。

图 3-2-8　花果茶

课程 3-3　茶叶加工工艺及特点

一、按加工方式及发酵度分类

1. 绿茶

（1）加工方式。绿茶由于产区范围大、制作方法不一，故品类多样，据粗略估计有 900 多种。这 900 多种绿茶目前还没有统一的分类方法，下面介绍几种常见的分类方法。

在众多分类方法中，最常见的是以茶叶制作加工方式和发酵程度作为划分依据。绿茶的基本加工工艺是杀青、揉捻和干燥。根据杀青方式和干燥方式不同可将绿茶分为炒青绿茶、烘青绿茶、晒青绿茶、蒸青绿茶。以蒸汽杀青制成的绿茶被称为蒸青绿茶，其他三种都是以锅炒杀青，杀青以后炒干的称炒青绿茶，烘干的称烘青绿茶，晒干的称晒青绿茶。

1）炒青绿茶。炒青绿茶是我国产量最多的绿茶类型，全国各产茶省（区）均有生产，品类多达数百种。根据制作方法和原料嫩度的不同，炒青绿茶可分为长炒青、圆炒青和细嫩炒青三类。

长炒青就是长条形的炒青绿茶，经精制加工以后统称眉茶。长炒青分为六级十二等，是绿茶中最大宗的产品，主要产区为浙江、安徽、江西三省，其次是湖南、湖北、江苏、河南等省。主要产品有婺绿、饶绿、屯绿、舒绿、杭绿、遂绿等。

圆炒青是外形呈颗粒状的炒青绿茶，经精制加工以后统称珠茶，主要产于浙江。珠茶通常分特级、一至四级。珠茶是我国主要出口绿茶之一，主销西非、北非，美国、法国也有一定市场。比较知名的圆炒青有泉岗辉白、涌溪火青等。

细嫩炒青是用细嫩芽叶加工而成的炒青绿茶，因产量不多、品质优异，又称特种炒青。细嫩炒青因做形时用力不同，外形千姿百态，有扁平形、圆条形、螺形、针形等多种形状。其品类有西湖龙井（见图 3–3–1）、洞庭碧螺春等。细嫩炒青主要分布于安徽、浙江、江苏、江西四省，湖南、广西、贵州、四川、福建等省也有一定产量。

图 3–3–1　西湖龙井

2）烘青绿茶。烘青绿茶是采用烘焙方式干燥加工而成的绿茶，中国大部分产茶区均有生产。其外形不如炒青绿茶光滑紧结，但一般条索完整，细紧有锋苗，色泽绿润。烘青绿茶依原料老嫩和制作工艺不同又可分为普通烘青与细嫩烘青两类。

普通烘青是指一般鲜叶经杀青、揉捻、烘焙、干燥制成的烘青绿茶，主产于浙江、江苏、福建、安徽、四川等省，主要品类有闽烘青、浙烘青、徽烘青、川烘青等。这类茶通常不直接饮用，而是用作窨制花茶的茶坯，成品为烘青花茶，是国内销量较大的茶类，主销华北、东北、四川等地。

细嫩烘青是用细嫩芽叶精加工制成的烘青绿茶。很多制作精细的细嫩烘青都属名优茶之列，如安徽的黄山毛峰、太平猴魁（见图 3–3–2）、敬亭绿雪，浙江的华顶云雾、雁荡毛峰，湖南的高桥银峰，河南的仰天雪绿等。随着人们对制茶工艺的探索，又出现了一种新的烘青绿茶种类，即半烘炒绿茶。这种绿茶在干燥工序中采用烘炒结合的方式，既保持了烘青茶条索完整、白毫显露的特色，又具备炒青茶香高味浓的特点。近年来很多名茶都采用了这种制作工艺，如灵岩剑峰、望府银毫、安吉白片、棋盘山毛尖、午子仙毫、齐山翠眉等。

3）晒青绿茶。晒青绿茶（见图 3–3–3）是鲜叶经杀青、揉捻后，利用日光晒干制成的绿茶，主要分布于云南、四川、贵州、广西、湖北、陕西等地，品类有滇青、陕青、川青、黔青、桂青等。晒青绿茶采用的原料一般成熟度较高，制作工艺也相对粗糙一些，其品质往往不能与炒青、烘青绿茶相提并论。因此，除了少量以散茶形式出售外，晒青绿茶大部分用来制造紧压茶。云南、四川的晒青绿茶就是加工沱茶、饼茶、康砖的原料。

图 3-3-2　太平猴魁

图 3-3-3　晒青绿茶

4）蒸青绿茶。蒸青绿茶是经蒸汽杀青、揉捻、干燥等工序制成的绿茶，是中国古代最早制成的茶类。

蒸青绿茶有“色绿、汤绿、叶绿”的三绿特点，外观十分诱人。但蒸青绿茶香气不如炒青绿茶浓纯，往往带有一定的青草气，茶汤也较为苦涩。

我国现代蒸青绿茶主要有煎茶和玉露茶。煎茶主要产于浙江、福建、安徽三省。玉露茶中目前只有湖北恩施的恩施玉露（见图 3–3–4）仍保持着蒸青绿茶的传统风格。

（2）加工形态。由于制作中采用的方法不同，绿茶形状千姿百态，有条形、针形、扁形、卷曲形等。

1）条形绿茶。条形绿茶外形呈条索状，是鲜叶经杀青后，揉捻成条索状，然后干燥定形制成的，如婺源茗眉、余杭径山茶等。

图 3-3-4　恩施玉露

2）针形绿茶。针形绿茶外形圆紧细直，呈松针状，是鲜叶经杀青、揉捻后，在炒干工序中理条定型制成的，如南京雨花茶、恩施玉露、安化松针、阳羡雪芽等。

3）扁形绿茶。扁形绿茶外形扁平挺直。该类茶以一芽二叶或一芽二、三叶为原料，经杀青后在锅中边炒边揉捻，逐渐压扁干燥制成，如西湖龙井、顶谷大方、旗枪、千岛玉叶、峨眉竹叶青等。

4）卷曲形绿茶。卷曲形绿茶外形卷曲显毫，是鲜叶经杀青后揉捻，使茶条弯曲细紧，并在干燥过程中伴以抓、搓等手法定形而成的，如都匀毛尖、高桥银峰、井冈翠绿、蒙顶甘露（见图 3–3–5）等。卷曲形绿茶中还有一种外形弯曲紧抱呈螺形的绿茶，是鲜叶经杀青、揉捻后，在炒干过程中滚搓而成的。螺形绿茶以洞庭碧螺春为代表。

图 3–3–5　蒙顶甘露

5）圆珠形绿茶。圆珠形绿茶外形圆而紧结。该类茶采摘一芽二、三叶为原料，鲜叶经杀青、揉捻后，在炒干过程中运用推炒手法使茶条逐渐圆紧呈颗粒状，如平水珠茶、涌溪火青、泉岗辉白等。

6）单芽形绿茶。单芽形绿茶外形为完整单个茶芽，长短一致，显露白毫。该类茶以单个茶芽为原料，鲜叶经杀青后轻微揉捻或不揉捻，以保持茶芽完整，如金山翠芽、洞庭春芽、广北银尖等。

7）兰花形绿茶。兰花形绿茶外形松散如兰花。该类茶鲜叶杀青后不揉捻，稍加理条、整形后直接烘焙干燥，以保持芽叶完整，使其自然舒展，如舒城小兰花、岳西翠兰、桐城小花等。

8）片形绿茶。片形绿茶外形松散平直，为单叶片状。制作片形绿茶时，对采回来的一芽二、三叶鲜叶要进行细致的"掰片"处理，即将每个叶片掰下，茶芽和茶嫩茎另作处理，再集中所有的单片叶片进行杀青、锅炒、拍片、烘干。产于安徽的六安瓜片（见图 3–3–6）就属于这种绿茶。

图 3-3-6　六安瓜片

9）束形绿茶。束形绿茶由多个芽叶束扎成花朵状。该类茶采摘一芽二、三叶为原料，经杀青、轻揉后，将数十个芽叶理顺摆齐，底部用细线扎紧，并把芽叶向四周掰开，烘干后即成。这类茶不仅可以饮用，还具有欣赏价值。一朵花形茶冲泡一杯，“花瓣”吸水渐渐“开放”，非常美观。黄山绿牡丹、霍山菊花茶、婺源墨菊等都属于束形绿茶。

10）毛峰。毛峰是指由多茸毛的细嫩芽叶制成的条索细紧、露茸毫的绿茶，是鲜叶经杀青后，在锅内滚揉翻炒至显毫后烘干制成的，如黄山毛峰、高桥银峰、九华毛峰等。

11）毛尖。毛尖是由更细嫩的芽叶制成的条状稍弯曲、略显毫的绿茶，是鲜叶经杀青、揉捻后，烘炒整形制成的，如信阳毛尖、都匀毛尖、古丈毛尖（见图 3-3-7）、桂林毛尖等。

图 3-3-7　古丈毛尖

（3）初制、精制。中国传统的出口茶，按照其加工程度分为初制和精制两个阶段。初制是将采摘的鲜叶制成干毛茶，一般在茶叶产地进行。这些干毛茶大多要运往茶精制厂进行精加工。所谓精加工，就是将干毛茶进行筛分、轧切、风选、拣梗、复火车色等工序，形成精制茶相应规格等级，然后拼配出售。

2. 白茶

白茶在等级上分为白芽茶和白叶茶两种，白芽茶就是广为人知的白毫银针，而白叶茶则包括白牡丹、寿眉和贡眉三个等级的茶叶。其中白毫银针又被分为南路银针和北路银针。白叶茶又有小白、大白、水仙白等茶类。茶叶经过不同的制作工艺，形成了不同品质的茶类。作为同一种茶类，根据其制作工艺的不同，还可进行细分。白茶就有以下几种分类方法。

（1）按采摘标准划分。白茶按照采摘标准可以分为白芽茶和白叶茶。其中，白芽茶即白毫银针；白叶茶即白牡丹、寿眉和贡眉。

1）白毫银针（见图 3–3–8）。茶青选择的是鲜叶的芽头，因成茶芽头肥壮、身披白毫、挺直如针、色白如银而得名，因产量较少，故非常珍贵。茶青是决定茶叶品质的先决条件，其中福鼎大白茶树制作的银针肥壮多毫，是白毫银针中的上品。白毫银针又可以分为南路银针和北路银针。北路银针是由福鼎地区生产的白毫银针制成。福鼎地区制作白毫银针的主要工艺是日光萎凋和烘干，干燥过程中一般采用焙笼或烘干机进行烘干。南路银针是由政和地区生产的白毫银针制成。政和地区制作白毫银针的主要工艺是日光萎凋和日光晒干。政和地区所产的南路银针一般采用日光进行晒干，这是南路银针与北路银针的最大区别。

图 3–3–8　白毫银针

2）白牡丹（见图 3–3–9）。白牡丹是指采用一芽一、二叶鲜叶为原料制成的白茶，芽叶连枝，气味芳香。因其外形绿叶夹银白色白毫，叶片抱芽心，形似花朵，冲泡后绿叶托着嫩芽，宛如蓓蕾初开而得名。白牡丹又可以分为小白、大白和水仙白。小白指的是用福鼎、建阳等地采用当地群体种茶树鲜叶为原料制作的白牡丹。大白指的是用福鼎大白、福鼎大毫等茶树鲜叶为原料制作的白牡丹。水仙白指的是建阳等地采用水仙种茶树鲜叶为原料制作的白牡丹。

3）寿眉（见图3–3–10）。寿眉是以大白茶、水仙或群体种茶树品种的嫩梢或叶片为原料，经萎凋、干燥、拣剔等特定工艺过程制成的白茶产品。寿眉鲜叶采摘标准为嫩梢或叶片，优质寿眉色泽翠绿，汤色橙黄。

图3–3–9　白牡丹

图3–3–10　寿眉

4）贡眉。贡眉鲜叶采摘标准和寿眉类似，以茶树的嫩梢制成，但两者的茶叶树种不同。贡眉是以菜茶即有性群体种茶树的嫩梢为原料，经萎凋、干燥、拣剔等特定工艺制成的白茶。

（2）按制作工艺划分。按照制作工艺划分，白茶可以分为传统工艺白茶、新工艺白茶和其他工艺白茶。

1）传统工艺白茶。传统工艺白茶是指用传统白茶加工制作工艺制作的白茶，其主要工艺是日光萎凋和烘干。随着时代的发展，目前茶业发展出了复式萎凋等利用现代工具和设备辅助传统工艺制作白茶的方法，但因工艺流程和特点并没有发生变化，所以仍然被称作传统工艺白茶。

2）新工艺白茶。新工艺白茶是20世纪70年代时，福鼎地区为了满足出口的需求，提高白茶的茶汤浓度而研制出来的新型白茶制法。

3）其他工艺白茶。除传统工艺白茶和新工艺白茶之外，还有其他工艺白茶，如福建雪芽、仙台大白等。

3. 黄茶

黄茶是根据制茶原料芽叶的老嫩和大小而进行分类的，一般可分为黄芽茶、黄小茶和黄大茶三类。

（1）黄芽茶。黄芽茶的原料细嫩，选用单芽至一芽一叶初展的鲜叶原料加工制作而成。其代表名茶有湖南岳阳洞庭湖君山的君山银针、四川雅安名山区的蒙顶黄芽（见图 3–3–11）和安徽霍山县的霍山黄芽等。

图 3–3–11　蒙顶黄芽

（2）黄小茶。黄小茶采摘自细嫩芽叶，多为一芽一、二叶加工制作而成。其代表名茶有湖南岳阳的北港毛尖，湖南宁乡的沩山毛尖，湖北远安的远安鹿苑，浙江温州、平阳一带的平阳黄汤等。

（3）黄大茶。黄大茶要求鲜叶原料为大枝大杆，采摘一芽二、三叶甚至一芽四、五叶加工制作而成。其代表名茶有安徽霍山的皖西黄大茶和广东韶关、肇庆、湛江等地的广东大叶青。

4. 乌龙茶

乌龙茶作为一种极具特色的茶类，根据工艺和加工方式，有多种分类方法，可按香气划分、按发酵程度划分、按产地划分等。目前，乌龙茶主要是根据产地来划分的。

（1）乌龙茶品质特点。乌龙茶为半发酵茶，鲜叶经萎凋、做青、炒青、揉捻、干燥等程序制作而成，其加工工艺独特，形成乌龙茶特有的品质风格。

1）香气。乌龙茶的香气是影响乌龙茶品质特征的重要因素之一，其香气成分目前已鉴定的有 300 多种，主要有花香型、水果香型、清香型、糖香型、特异香型等香气类型。

乌龙茶的每个品种都有特殊的香气，即使同一个品种，由于地理环境、采摘标准、肥培管理、季节等的不同，香气也有所差异。茶叶鲜叶中芳香物质是形成茶叶香气的物质基础，一般晒青、做青能使香气增加，杀青、干燥能固定和发展香气成分。

2）滋味。乌龙茶独树一帜的工艺制法形成了以浓、醇、爽为主的独特风味和优良品质，淡、苦、涩为品质较差的特征。乌龙茶不同滋味的形成，一方面与鲜叶中有味物质的含量和比例有关，另一方面与茶叶初制中叶内物质的变化是否适当有关。

形成乌龙茶独有滋味的主要物质有儿茶素类及其氧化产物、酮类、咖啡碱、氨基酸、可溶性糖、水溶性果胶等。在初制中，做青是形成乌龙茶香气和滋味的关键工艺。

3）汤色。乌龙茶的汤色有清黄、清红、黄浊、红浊等，通常以清澈金黄或橙黄为佳，最忌浑浊、发青、发绿。乌龙茶的汤色成分主要是多酚类的水溶性氧化产物，其次是黄酮类等水溶性色素及制茶中新形成的其他水溶性有色化合物。由于制作工艺不同，闽南乌龙茶以金黄清澈为佳，闽北及广东乌龙茶以橙黄明亮为佳。

（2）乌龙茶分类

1）根据产地分类。乌龙茶产区主要是福建、广东、台湾三省，近年来，江西、海南等省也有生产。福建是乌龙茶的发源地和主要产区，也是乌龙茶生产历史最为悠久、花色品种最多、品质最好的地区。乌龙茶依其产地生态环境、茶树品种、制法和品质特点的不同，主要分为闽北乌龙茶、闽南乌龙茶、广东乌龙茶和台湾乌龙茶（见图 3–3–12）。

图 3–3–12　台湾乌龙茶

2）根据发酵程度分类。国际上较为通用的分类法，是按不发酵茶、半发酵茶、全发酵茶进行简单分类，乌龙茶属于半发酵茶。不同的乌龙茶又可依据发酵程度进行细致分类，总的来说，闽北乌龙发酵程度最高，闽南乌龙次之，广东乌龙再次之，台湾乌龙发酵程度最低。

3）根据香气类型分类。乌龙茶的香气，根据感官审评结果可分为以下几类。

①花香型。茶叶能挥发出类似各种鲜花的香气，按花香不同又可分为青花香型和

甜花香型两种。青花香型：香气清长，鲜爽优雅，类似兰花香、栀子花香、金银花香、米兰花香，如大红袍（见图 3-3-13）、奇兰、白牡丹、水仙等。甜花香型：香气馥郁持久，有鲜甜感，类似玉兰花香、桂花香、玫瑰花香，如铁观音（见图 3-3-14）、本山等。

图 3-3-13　大红袍

图 3-3-14　铁观音

②水果香型。此类香型的茶叶能挥发出类似水蜜桃、雪梨、菠萝、苹果等水果的香气，香气清高优雅，如雪梨、佛手等。

③清香型。此类香型的茶叶香气高长纯正，含有较多低沸点芳香物质，如毛蟹、桃仁、白毛猴等。

④糖香型。此类香型的茶叶有类似蜂蜜香、糖香、焦糖香的香气，如大叶乌龙、乌龙等。

⑤特异香型。此类香型的茶叶香气清长，带有特殊的气味。如肉桂，其香气芬芳似肉桂香。又如梅占、皱面吉、竖种，其香气高长，带有辛味，且刺激性强。

5. 红茶

红茶作为目前世界上最受欢迎的茶类，根据其加工方式的不同还可以进行多种分类。

（1）根据制作工艺分类。按照制作工艺可将红茶分为小种红茶、工夫红茶和红碎茶，是红茶最常见的分类方式。

1）小种红茶。小种红茶是创制于福建崇安（今武夷山市）的熏烟红茶。根据茶叶产地的不同，小种红茶又分为正山小种（见图 3-3-15）和外山小种。“正山”的范围是以庙湾、江墩为中心，北到江西铅山的石垅，南至武夷山白叶坪，东至武夷山大安村，西至光泽、司前、干坑，西南到邵武、观音坑，面积为 600 平方千米的地域。在此范围内依照传统小种红茶制作工艺生产出来的红茶称为正山小种。外山小种是产于坦洋、福安、古田、屏南等地，仿照正山小种红茶品质制得的红茶。

2）工夫红茶。工夫红茶是我国特有的，由小种红茶发展而来的条形红茶。由于此种红茶在制作过程中工艺精细，耗费时间长，所以被称为工夫红茶。与小种红茶相比，工夫红茶在制作时要经过萎凋、揉捻、发酵、干燥、抖筛、手筛、打袋、风选、飘筛、撼盘、手拣、拼配、补火、匀堆等过程，工艺非常复杂。同时，与小种红茶的小范围茶区不同，工夫红茶的产区非常广泛，安徽、江苏、浙江、江西、湖南、湖北、云南等地都出产工夫红茶。

工夫红茶的种类有很多，按照地域来划分，一般可以分为祁红、滇红、川红、闽红、越红、苏红、宁红、宜红等。这些不同种类的工夫红茶不仅具有共性，而且各有特色，味道独特。白琳工夫如图 3–3–16 所示。

图 3–3–15　正山小种

图 3–3–16　白琳工夫

3）红碎茶。红碎茶是指新鲜的茶叶经萎凋、揉捻后，经机器切碎至颗粒状，然后经发酵、烘干而制成的红茶。与工夫红茶相比，红碎茶最大的特点是外形比较细碎，所以才称为红碎茶或红细茶。红碎茶的产地范围也较为广阔，云南、四川、贵州、广东、广西、海南、湖南、福建等地都有红碎茶的生产。其中，云南、广东、广西、海南等地以大叶种鲜茶为原料制成的红碎茶品质最优。

红碎茶根据外形规格，又可以分为叶茶、碎茶、片茶和末茶四类。

①叶茶。叶茶是外形规格较大，包括部分细长筋梗，长 10 ~ 14 毫米。按照茶叶的嫩度又可以分为花橙黄白毫、橙黄白毫、白毫、白毫小种和小种。

②碎茶。碎茶外形较叶茶细小，呈现为颗粒状或长粒状。其主要花色有花碎橙黄白毫、碎橙黄白毫、碎白毫、碎白毫小种和碎小种。

③片茶。片茶是质地较轻的小片状茶叶，主要花色有花碎橙黄白毫片、碎橙黄白毫片、白毫片、橙黄片和片茶。

④末茶。末茶是细末状的红茶，根据末茶的大小和轻重，又可以分为白毫末茶和

末茶两种花色。

（2）根据口味分类。根据口味，红茶可以分为原味红茶和调味红茶。原味红茶保持了红茶原有的香气、味道，不添加任何茶之外的果料、香料及其他食料等。调味红茶或是经过熏香过程，将花香或果香加入红茶香气中；或是在制作过程中，将一定的香料、果料等加入红茶中，使红茶的味道发生变化。例如，伯爵茶就是著名的调味红茶。

（3）根据茶叶叶片大小分类。红茶可以按照使用的鲜叶原料不同而分为大叶种红茶、中叶种红茶和小叶种红茶。大叶种红茶是叶片面积较大（40 ~ 60 平方厘米）的红茶，比较著名的是云南的滇红；中叶种红茶是叶片面积为 20 ~ 40 平方厘米的红茶，以祁门红茶为代表；小叶种红茶是叶片面积不足 20 平方厘米的红茶，我国的红茶鼻祖小种红茶就是小叶种红茶。

（4）根据茶叶叶片外形完整度划分。从外形上来说，红茶可以分为条形茶和碎形茶。条形茶是在制作过程中经过揉捻成形的红茶，富有代表性的是小种红茶和工夫红茶。碎形茶是在制作过程中，通过切、撕等工序，将叶片制成碎片或颗粒状的红茶，红碎茶或袋泡红茶是典型的碎形茶。

6. 黑茶

黑茶作为六大茶类中的一大门类，历史悠久，产地分布众多，各个黑茶产区经过多年发展，形成了成熟的制作工艺。黑茶的分类标准有以下几种。

（1）按产区分类。按照产区划分，黑茶可分为以普洱茶为代表的云南黑茶、以雅安藏茶为代表的四川黑茶、以赤壁青砖茶为代表的湖北黑茶、以安化黑茶为代表的湖南黑茶、以梧州六堡茶为代表的广西黑茶等。

云南、四川、湖北、湖南与广西是中国五大黑茶主产区，虽然黑茶产区早已突破了五大产区的地域限制，遍布全国各茶叶产区，但仍然以这五大产区所产黑茶声名最为显赫。黑茶的产区分类法也较为常见，因为各个产区的加工工艺不同，故以区域划分最能突出区域加工特色。

（2）按加工工艺与产品特性分类。按照加工工艺与产品特性划分，已经有产品国家标准的黑茶包括茯砖茶、花卷茶、湘尖茶、六堡茶、青砖茶、花砖茶、黑砖茶、康砖茶、金尖茶、紧茶、沱茶等。

这些已发布的产品国家标准已经不规定产地，这是因为许多产品早已经超出了原有生产地域。比如茯砖茶，其原料虽产于安化，但实际制作工艺成形发源于泾阳，而且四川等地都有生产；再如康砖茶，人们可能认为其只产于雅安，实际上云南、贵州、湖南等地都有生产；还有沱茶，人们都认为它产自云南，实际上四川、重庆也均有生产，诸如此类，不胜枚举。

（3）按产品形态分类。从成品形态上可将黑茶分为散装黑茶、压制黑茶和篓装黑茶。

1）散装黑茶。散装黑茶有安化黑毛茶、普洱散茶、广西六堡散茶等。

2）压制黑茶。压制黑茶是指以安化黑毛茶、两湖老青茶、四川毛庄茶或做庄茶、广西六堡散茶、云南晒青毛茶等为原料，经过蒸汽压制成形的各种黑茶产品。压制黑茶的形状有砖形茶，如茯砖茶、花砖茶、黑砖茶、青砖茶（见图 3–3–17）、普洱砖茶、普洱紧茶等；圆柱形茶，如安化千两茶；枕形茶，如康砖茶、天尖茶（见图 3–3–18）等；圆形茶，如饼茶、七子饼茶（见图 3–3–19）等；碗臼形茶，如普洱沱茶等。

图 3–3–17　青砖茶

图 3–3–18　天尖茶

图 3–3–19　七子饼茶

3）篓装黑茶。篓装黑茶有广西六堡茶、安化的天尖、贡尖、生尖等。

二、不发酵茶类（绿茶）的工艺特点

绿茶在我国有悠久的历史，早在唐代，我国便开始盛行用蒸青的方法加工制作绿茶。1949 年以来，我国绿茶制法在继承传统加工技术的基础上，实现了由手工加工向机械化生产的过渡，产量和品质均有所提升，一些历史上的绿茶名品在原有基础上有了新的发展，在此过程中还创造了不少新的优质名茶。

绿茶属于不发酵茶类，在茶叶鲜叶的加工过程中，要制止鲜叶的氧化反应，保持其原有特性。绿茶的主要制作工艺有杀青、揉捻和干燥。根据杀青工艺和干燥方式的不同，绿茶可分为蒸青绿茶、炒青绿茶、烘青绿茶和晒青绿茶。

1. 杀青

“杀青”一词是我国茶农惯用的术语，是指在高温下“杀”灭茶叶鲜叶中的酶，以保持茶叶原有的青绿色。杀青是制造绿茶的第一步，也是制造绿茶的关键。在加工工艺正常的情况下，绿茶的品质在杀青过程中已基本形成，以后的工序只是为了造型，去除多余水分，并在杀青基础上提升香气。因此，在绿茶制造过程中，杀青是最为重要的工序，制作绿茶应当熟练地掌握杀青工艺。

杀青的目的首先是利用高温抑制鲜叶中酶的活性，防止多酚类物质的酶促氧化，防止红梗红叶，形成绿茶清汤绿叶的品质特征；其次是消除鲜叶的青草气，显露绿茶的清香气；最后是蒸发部分水分，使叶质柔软，易于揉成条状。

（1）杀青方法。我国现行的绿茶杀青方法分手工杀青和机械杀青。

（2）杀青原则。影响杀青的主要因素是温度、时间、投叶量、鲜叶原料的质量和特性等，要达到杀青的目的，必须处理好这些因素和它们之间的相互关系。绿茶杀青应做到“杀匀，杀透，不生不焦，无红叶红梗”。具体操作时要掌握以下原则：高温杀青，先高后低；抛闷结合，多抛少闷；嫩叶老杀，老叶嫩杀。

2. 揉捻

绿茶的第二个关键工艺是揉捻。揉捻是通过手工搓揉或机械搓揉，使杀青叶在外力的作用下卷紧茶条、缩小体积，为干燥成形打好基础，还能适度揉碎细胞组织，使部分茶汁溢出，黏附在茶叶表面，以便沏茶时茶汁既容易泡出又耐冲泡。

揉捻解决的主要矛盾是外形问题，揉捻后杀青叶在外形上要做到条索紧结，且整条不碎。此外，还要求叶色绿翠不泛黄，香气清高不低闷。要达到这些要求，必须考虑影响揉捻技术的各种因素。与揉捻有关的技术因素主要有揉捻叶的温度、投叶量的多少、加压的轻重和揉捻时间的长短。

（1）揉捻方法。我国现行的绿茶揉捻方法分手工揉捻和机械揉捻。

（2）揉捻原则。嫩叶冷揉，老叶热揉；投叶适量；压力宜轻，时间宜短。

3. 干燥

干燥是绿茶加工的最后一道工艺，主要是利用温度去除茶叶内多余的水分，固定揉捻后的条索状或整制成一定的形状；还能将茶叶中残余酶的活性彻底破坏，以进一步挥发茶香；最后是降低含水量，防止品质劣变，使其更耐储藏。

（1）干燥方法

1）晒干。晒青绿茶利用日光进行干燥，是一种原始的干燥方法。

2）烘干。烘青绿茶有焙笼烘干和机械烘干两种方法。烘干一般采用毛火和足火两次进行，俗称毛烘、足烘。

3）炒干。炒干分为 2～3 个工序，即二青、三青和辉锅，一般是先烘后炒，即二青多采用烘干。

（2）干燥原则。干燥是在控制水分散失的同时，控制热化学反应的程度，炒青绿茶还要把干燥过程和做形结合起来，逐步完成茶叶外形的塑造。

目前，绿茶的干燥要求分次进行，一般烘干 2 次，炒干 2～3 次，其间要进行摊凉。干燥时叶温上升、水分散失，摊凉时叶温下降，叶片内水分重新分布，叶质变软。这种方法既可使茶叶干透、干匀，又可避免高温焦茶。

影响茶叶干燥的因素主要有温度、投叶量和干燥时间。一般要求前期干燥温度要高，投叶量宜少，时间较短；后期干燥温度稍低，投叶量增加，时间稍长。炒青绿茶要求做形，因此要掌握好各影响因素间的关系，使失水与成形同步，即在降速阶段应逐步降温，控制干燥速度，延长炒制时间，这样才能做好外形。

三、半发酵茶类的工艺特点

1. 白茶的工艺特点

相较于其他茶类，白茶的制作工艺是最为简单的，主要是萎凋和干燥。但这并不代表白茶的制作不耗费工力，相反，真正高品质的白茶非常考验制茶人的技艺水平。

（1）白茶萎凋。萎凋是形成白茶品质的最关键工序，白茶初制过程中只有根据不同的气候条件采取不同的萎凋技术，才可制得品质优良的白茶。现代白茶萎凋的主要方法有室内自然萎凋、加温萎凋、复式萎凋三种。

1）室内自然萎凋。在正常气候条件下，制作白茶多采用室内自然萎凋。萎凋室要求四面通风，无日光直射，并能防止雨雾侵入，场所应清洁卫生，且能控制一定的温湿度。春茶室温要求 18 ~ 25 摄氏度，相对湿度 67% ~ 80%；夏秋茶室温要求 30 ~ 32 摄氏度，相对湿度 60% ~ 75%。

鲜叶进厂后要求老嫩严格分开，及时分别萎凋。萎凋时把鲜叶摊放在水筛上，俗称“开青”或“开筛”。摊好叶子后，将水筛置于萎凋室凉青架上，不可翻动。雨天采用室内自然萎凋，历时不得超过三天，否则芽叶会发霉变黑；在晴朗干燥的天气萎凋历时不得少于两天，否则成茶有青气，滋味苦涩，品质不佳。

在室内自然萎凋过程中要进行一次“并筛”，主要目的是促进叶缘垂卷，使水分均匀，减缓失水速度，促进转色。

中低级白茶则采用堆放法进行萎凋，也叫渥堆。堆放时应掌握好萎凋叶含水量与堆放厚度，萎凋叶含水量不应低于 20%，否则不能转色。

并筛后仍放置于凉青架上继续进行萎凋，达九成五干时，就可下筛拣剔。

拣剔时动作要轻，防止芽叶断碎。毛茶等级越高，对拣剔的要求越严格。

2）加温萎凋。春茶如遇阴雨连绵的天气，必须采用管道加温萎凋法，在专门的白茶管道萎凋室内进行。白茶管道萎凋室由加温炉灶、排气设备、萎凋帘、萎凋鲜架四部分组成。萎凋室外设热风发生炉，热空气通过管道均匀地散发到室内，使萎凋室室温上升。

室内温度控制在 29 ~ 35 摄氏度，相对湿度为 65% ~ 75%。萎凋室切忌高温密闭，以免嫩芽和叶缘失水过快，梗脉水分补充不上，导致叶内理化变化不足，芽叶干枯变红。采用加温萎凋时，温度应由低到高，再由高到低，直到叶片不贴筛，茶叶毫色发白，叶色由浅绿转为深绿，芽尖与嫩梗显翘尾。当叶缘略带垂卷、叶面呈波纹状、青气消失、茶香显露时，即可结束萎凋。加温萎凋不仅可以解决白茶雨天萎凋的困难，而且可以缩短萎凋时间，充分利用萎凋设备，提高生产效率。

3）复式萎凋。春茶季遇晴天，可采用复式萎凋法。所谓复式萎凋就是将日光萎凋与室内自然萎凋相结合，对加速水分蒸发和提高茶汤醇度有一定作用。复式萎凋全程需进行 2 ~ 4 次、历时 5 ~ 8 小时的日照处理。其方法是选择上午和傍晚阳光稍弱时将鲜叶置于阳光下轻晒，日照次数和每次日照时间长短应根据温湿度的高低而定。夏季气温高，阳光强烈，不宜采用复式萎凋。白茶萎凋如图 3–3–20 所示。

图 3–3–20　白茶萎凋

（2）白茶的干燥。白茶的干燥可采用

日晒干燥、烘笼烘焙和烘干机烘焙三种方式进行，由于白茶的萎凋方式和萎凋程度不同，故对烘焙火温与次数的掌握亦不同。

1）日晒干燥。萎凋叶达九成干以上的，可在有阳光的晴朗天气采取日晒干燥法。日晒干燥应避免在正午进行，以免阳光太强晒伤茶叶。

2）烘笼烘焙。烘笼（焙笼）烘焙是旧时使用的白茶干燥方法，主要用于自然萎凋和复式萎凋的白茶生产。其方法有一次烘焙法与二次烘焙法。萎凋叶达九成干的，采取一次烘焙法。萎凋叶只达六七成干时，烘焙须分两次进行：初焙用明火，温度较高，焙至八九成干，下焙摊凉半小时后进行复焙；复焙用暗火，温度较低，焙至足干。在烘焙过程中应注意翻拌动作要轻，次数不宜过多，以免芽叶断碎，茸毛脱落。

3）烘干机烘焙。萎凋叶达九成干时，采用烘干机一次烘干，烘干机温度为 70～80 摄氏度，摊叶厚度 4 厘米，历时 20 分钟至足干。七八成干的萎凋叶分两次烘焙：初焙温度 90～100 摄氏度，历时 10 分钟左右，摊叶厚度 4 厘米，初焙后须进行摊放，使水分分布均匀，复焙温度 80～90 摄氏度，历时 20 分钟至足干。现在有的厂家为了提高效率，保持白茶的绿色，减少青味，在 120～150 摄氏度下进行烘干。

（3）白茶制作技术的关键。影响白茶品质的因素很多，除茶树品种和鲜叶质量外，白茶品质的形成还受初制过程中某些因素的影响，如温度、湿度、气流、翻动、并筛、烘焙时间及包装等。

白茶初制过程的萎凋失水速度与外界环境密切相关，环境温度、相对湿度、空气流通情况均能影响萎凋速度的快慢，而这三者又是互相影响的。萎凋历时长短与温度成反比，与室内相对湿度成正比。

实验证明，失水速度太快，萎凋全过程历时太短，理化变化不足，会导致成茶色泽枯黄或燥绿，香青味涩；失水速度太慢，萎凋全程历时太长，理化变化过度，会导致成茶色泽暗黑，香味不良。这就是白茶制作“天热变红，天冷变黑”的原因所在。

室内自然萎凋要注意萎凋室内空气流通情况，空气流通能加速萎凋叶水分蒸发，防止二氧化碳与氨气的积聚引起毒害，并供给叶内生化变化所需的氧气。特别是加温萎凋室内必须注意空气对流，切忌高温密闭。萎凋前期必须注意将鲜叶均匀薄摊，不匀或过厚往往造成白茶欠鲜醇，导致色泽花杂。

在萎凋过程中不可经常翻动萎凋叶，以免造成机械损伤，引起多酚类化合物的酶促氧化而使叶子红变。

萎凋后期的并筛是促进叶缘垂卷的重要措施，可以防止贴筛所造成的叶片平板状态。并筛要及时适当，如待细胞含水量降低、失去弹性时才并筛，这时茶叶已卷曲，将会引起芽叶皱缩而使叶态不良，从而降低白茶的质量。

在一般情况下，萎凋时间不得少于 36 小时，否则，由于其生化反应不完全，茶叶味淡并带青草气，叶张薄摊。若萎凋时间过长，如超过 72 小时，则常使叶色变黑，甚至发生霉变。因此萎凋时间最好掌握在 36 ~ 72 小时之间，一般以 54 小时左右为宜。

白茶萎凋最适宜的温度是 25 ~ 30 摄氏度，相对湿度以 60% ~ 75% 为宜。温度和湿度过高时，由于多酚类物质氧化缩合反应过于剧烈，会引起茶叶红变；而温度过低、湿度过高时，则会因萎凋时间过长造成霉变。

烘焙可以弥补萎凋过程的不足。从萎凋叶的内在变化来看，萎凋良好表现为糖、蛋白质等有机物质的充分分解和多酚类物质的适当氧化，同时要防止叶绿素被完全破坏。因此，萎凋程度不足时切忌付焙，过早烘焙的萎凋叶成品色黄，味淡并带有青气。粗老茶由于萎凋程度不充分，生化反应不完全，青涩味重，应提高烘焙火功。对于萎凋充分的嫩叶则可以借助火功衬托茶香，但要防止火功过高，以免火香掩盖白茶特有的毫香。

（4）新工艺白茶的工艺特点。新工艺白茶类似低档传统白茶贡眉、寿眉的风味，其外形卷缩，略带褶条，清香味浓，汤色橙红，滋味甘和稍浓；叶底展开后可见其色泽青灰带黄，筋脉带红；茶汤味似绿茶但无清香，又似红茶而无酵感；其基本特征是浓醇清甘又有闽北乌龙的馥郁。

新工艺白茶对鲜叶的原料要求与寿眉相同，过去是用小叶种茶树鲜叶，现在一般采用福鼎大白茶、福鼎大毫茶等茶树品种的芽叶加工。原料嫩度要求相对较低，一般采摘标准为一芽二、三叶，驻芽二、三叶，单片等，与低档的贡眉、寿眉相似。

新工艺白茶初制程序为鲜叶—自然萎凋—加温萎凋—堆积发酵—轻揉捻—干燥。

另外，新工艺白茶的加工工艺中还有区别于传统白茶的“三轻”，即“轻萎凋、轻发酵、轻揉捻”。新工艺白茶的外形卷曲成条，因此须经揉捻，为了叶片不在揉捻过程中破碎，其萎凋程度要比传统白茶轻。将适度的萎凋叶进行堆积，这就是新工艺白茶的轻发酵作业，用以促进味浓香高（与传统白茶比较）品质风味的形成，并为后续工序揉捻创造条件。揉捻是新工艺白茶区别于传统白茶的独有工序，其作用是形成新工艺白茶特殊的外形以及增强其滋味的浓度。轻压、短揉是新工艺白茶揉捻的特点。

（5）其他白茶制作技术。按照白茶的产品标准，只要选用芽头肥壮多白毫的品种，采用白茶的萎凋、干燥工艺，就可以生产出白茶。下面就白茶新花色福建雪芽、仙台大白做简要介绍。

1）福建雪芽。福建雪芽是福建省茶科所创制的白茶品种，而现在市场上的“雪芽”一般是指呈自然花朵型的绿茶。

福建雪芽白毫厚披，毫色洁白银亮，芽体肥壮，叶面翠绿或灰绿，叶缘垂卷，芽叶连梗伸展，嫩叶抱壮芽，形态自然；内质香气清鲜，毫香浓爽，滋味鲜醇甘甜，汤色杏黄浅淡，清澈明净，耐冲泡。福建雪芽选用福云六号、福云二十号等富含白毫的品种，鲜叶标准为肥壮多毫的一芽一叶初展。福建雪芽的加工工艺主要以复式萎凋为主。

2）仙台大白。仙台大白选用江西上饶的大面白茶树品种，如今产量已极少。

仙台大白芽叶肥壮，密披白毫，毫色银白莹亮，熠熠有光；叶面灰绿隆起，叶缘背卷，芽叶连梗，完整无损；内质香气清鲜高长，汤色清亮，滋味鲜醇回甘；叶底肥嫩。仙台大白的加工工艺主要有萎凋和干燥两种。

2. 黄茶的工艺特点

黄茶属于轻发酵茶类，基本工艺近似绿茶，但制茶过程多了一道闷黄工序。闷黄即将杀青后的茶叶趁热堆积，在湿热作用下，多酚类化合物发生氧化，并产生一些有色物质，使茶叶发生黄变。黄茶的闷黄工艺根据茶坯含水量的不同分为湿坯闷黄和干坯闷黄。不同黄茶的闷黄工艺也有所不同，有的是揉前堆积闷黄；有的是揉后堆积或久摊闷黄；有的是初烘后堆积闷黄，有的是再烘时闷黄。但代表性黄茶均具有干茶显黄、汤色杏黄、叶底嫩黄的“三黄”特点与味甘鲜爽的独特口感。

（1）黄茶的工艺。黄茶的种类不同，其制作工艺也有差异。典型的黄茶制作工艺流程由杀青、闷黄、干燥等组成。下面就黄茶制造的几个基本工艺过程简单加以叙述。

1）杀青和揉捻。黄茶杀青与绿茶杀青没有多大差异，杀青程度也基本一致。某些黄茶在杀青后期因结合滚炒轻揉做形，出锅时含水量会稍低一些。

黄茶揉捻可以采用热揉，在湿热条件下易揉捻成条，且不影响品质。同时，揉捻后叶温较高，有利于加速闷黄过程的进行。此处要强调的是，揉捻并非黄茶必不可少的工艺过程，对黄茶黄叶黄汤品质的形成并没有直接的影响。

2）闷黄。闷黄是黄茶制作加工的特有工序，也是形成黄叶黄汤品质特点的关键工序。不同种类的黄茶，有的是在杀青后闷黄，如沩山白毛尖；有的是在揉捻后闷黄，如北港毛尖、广东大叶青等；有的则是在毛火后闷黄，如霍山黄芽、黄大茶；有的是闷炒交替进行，如蒙顶黄芽三闷三炒；有的则是烘闷结合，如君山银针二烘二闷；温州黄汤第二次闷黄采用边烘边闷，故称为“闷烘”。影响闷黄的因素主要有茶叶的含水量和叶温。含水量越多，叶温越高，湿热条件下的黄变进程也就越快，闷黄过程中必须注意控制黄变进程。

黄茶闷黄工序的理化变化速度较为缓慢，不及黑茶渥堆剧烈，工序时间也较短，故叶温不会有明显上升。制茶车间的气温、闷黄的初始叶温、闷黄叶的保温条件均对叶温影响较大。为了控制黄变进程，通常应趁热闷黄，有时还要用烘、炒来提高叶温，必要时也可通过翻堆散热来降低叶温。

闷黄过程中要控制叶子含水量的变化，以防止水分大量散失，尤其是湿坯堆闷更要注意相对湿度和通风状况，必要时应盖上湿布，以提高局部湿度、阻止空气流通。不同黄茶的闷黄时间并不相同，闷黄时间长短与黄变要求、含水量、叶温密切相关。

3）干燥。干燥是将闷黄后的茶坯，采用高温烘焙法，迅速蒸发水分达到保质干度的过程。一般采用的干燥方法有烘干和炒干两种。干燥过程的好坏直接影响毛茶的品质。相对其他茶类，黄茶的干燥温度偏低，且有先低后高的趋势。这样做的主要目的是使水分散失速度减慢，在湿热条件下，边干燥、边闷黄。沩山白毛尖的干燥技术与安化黑茶相似；霍山黄芽、皖西黄大茶的烘干温度先低后高，与六安瓜片的火功同出一辙。尤其是皖西黄大茶，拉老火过程温度高、时间长，色变现象十分显著，色泽由黄绿转变为黄褐，且香气、滋味也发生明显变化，对其品质风味的形成产生了重要影响；与闷黄相比，其黄变程度有过之而无不及。

茶鲜叶经过杀青、闷黄、干燥等工艺初制后的产品称为毛茶。毛茶已经基本形成了黄茶独有的品质特征，并可以直接饮用。

（2）闷黄工艺的特点。黄茶制作过程中，鲜叶经过一系列加工工序，特别是经过闷黄工序后，其内含的各种化学成分在湿热或干热作用下发生物理和化学变化，从而形成了黄茶的品质特征。

闷黄过程中的主要影响因素有三个，即含水量、温度和时间。

在闷黄过程中，含水量对茶多酚、可溶性蛋白质、可溶性糖、叶绿素的影响较强，对氨基酸的影响较弱。在一定温度、时间范围内，闷黄时叶片含水量高，有利于茶多酚、叶绿素等的分解，但若含水量过高，干茶色泽偏暗，则茶样出现品质缺陷的概率就会增大。叶片含水量过低时，若要达到黄茶品质要求，就必须提高闷黄温度，延长闷黄时间。

温度是分解叶绿素的关键因素，若闷黄温度过高，干茶叶底色泽有偏暗趋势；而温度过低，则叶绿素含量减少速度缓慢。

时间对茶多酚、叶绿素含量影响较大，闷黄时间短，茶多酚氧化程度浅，茶黄素积累得多。闷黄过程中，水浸出物含量明显增加，茶黄素含量先增后减。黄酮与咖啡碱的含量随时间变化不明显。

3. 乌龙茶的工艺特点

乌龙茶分为闽南乌龙、闽北乌龙、广东乌龙和台湾乌龙，其分类不仅是根据地理区域上的不同，主要还是根据制作工艺上的区别来划分的。乌龙茶的制作工艺包含萎凋、做青、杀青、揉捻、烘焙、包揉、烘干等环节，各大区域乌龙茶的具体制作方法各有特色，这是形成不同区域乌龙茶特色的关键。

（1）闽南乌龙的工艺特点

1）萎凋。萎凋依气候条件不同，有晴天的日光萎凋（俗称晒青）、阴天的冷风萎凋和雨天的热风萎凋。日光萎凋能达到快速萎凋的目的，其效果最好、费用最低、效率最高，因而也最常使用。

日光萎凋是将茶青薄摊在竹筛或晒青布上，置于室外接受日照辐射，使茶青较快地蒸发一部分水分，并使叶内发生理化变化。萎凋对乌龙茶香气、滋味的形成具有重要的作用。

晒青时间的长短依季节、品种、天气与阳光强弱而有不同。晒青后茶青应及时送进青房摊凉，既能散发热气，减缓失水和化学变化的速度，又能使水分重新分布，使茶青恢复稍硬挺状态，俗称“回阳”。必要时也可以进行二晒二凉，即第一次晒青程度未足就移入室内凉青，使其“回阳”后再复晒青，直至晒青程度适宜。

遇到阴天宜采用室内萎凋法，包括自然吹风萎凋或以晾代晒萎凋法。

2）做青。做青是摇青（茶青转动）、凉青（茶青静置）多次交替反复的工艺过程。在此过程中，鲜叶内糖苷类物质水解生成香气类成分，同时进行缓慢的酶性氧化。做青是形成乌龙茶三红七绿的色泽和高香浓醇内质的关键，要根据地理位置、品种、鲜叶质量、季节、天气、温度、湿度等情况采取不同的技术措施。闽南乌龙具有“轻晒、重摇，摇次少，轻发酵”的做青技术特点。做青工序各时间段的酶促氧化既无规律，也没有办法量化，而是全凭个人的悟性和经验积累。

①摇青。摇青俗称还阳，是将萎凋过后的鲜叶放在水筛或摇青机等设备中，使鲜叶在其中转动。在此过程中鲜叶互相抖动碰撞，促使其边缘摩擦受损，同时促进其内含物质与水分由梗脉输送至叶面与叶缘，使鲜叶呈充盈紧张状态。摇青有手工摇青和机械摇青两种方法。手工摇青往往做青不足、不匀，所以常常辅以“做手”工序，“做手”是用双手叉起鲜叶翻动抖动，促进叶与叶之间产生摩擦，从而加速做青的过程。

②凉青。凉青又称摊青、退青，是将摇青过后的鲜叶放置在阴凉干燥通风的地方将其摊开，使摇青过程中产生的热量散发，并促进水分蒸发，让鲜叶再次回到萎软的状态。

③做青。首先，做青的天气以北风天为宜，因为北风干燥收潮，能够降低空气中的湿度。现代机械摇青大多在青房中进行，青房是利用现代化设备改造的专门用来做青的房间，一般处于恒温、恒湿状态。其次，对于不同天气、品种、季节的茶青，摇

青次数和摊青厚薄要灵活掌握。

3）杀青。在完成乌龙茶做青工序后，就进入杀青工序。杀青又称炒青，是毛茶制作工艺中一道关键性的转折工序，具有承上启下的作用，承上是通过高温迅速制止一系列氧化作用，巩固已形成的品质特性，启下是继续散发叶内水分，以便于揉烘等成形阶段的操作。

闽南乌龙杀青应掌握“适当高温，投叶适量，翻炒均匀，闷炒为主，扬炒配合，快速短时”的原则。

4）揉捻。炒青后要初步搓揉成条，也就是揉捻。揉捻时应掌握“热揉，适当重压，快速，短时”的原则。揉捻结束后，应及时解块烘焙，防止闷黄。若不能及时烘焙，则必须摊放散热，防止劣变。但不宜久置，以免红变。揉茶机如图 3–3–21 所示。

图 3–3–21　揉茶机

5）烘焙与包揉。炒青叶经揉捻工序初步卷曲成形后，想要继续塑造闽南乌龙特有的圆整、紧结、重实外形，就要进入包揉工序。一般包揉与烘焙两道工序是反复交替进行的，各个工序互相联系、互相制约，其程序为初烘—初包揉—复烘—复包揉（定型）—烘干。

①初烘。初烘即第一次烘焙。手工操作用焙笼，机械操作采用自动烘干机、手拉百叶烘干机等。烘焙程度以手触茶叶微有刺手感为适度，不宜过干或过湿。清香型乌龙茶因炒青程度较足，不必初烘，直接进行初包揉即可。

②初包揉。包揉是闽南乌龙初制特有的工序。手工包揉用 70 厘米 ×70 厘米的白布将烘至七八成干的茶叶包好，每包叶重 0.5 千克左右。把茶包放在板凳上，一只手抓住包口，另一只手压紧茶包，在凳上搓、揉、挤、压、捏，用力应“先轻后重”，要使茶叶在包内翻动。轻揉 1 分钟后，解散茶团，翻匀再揉，揉后扎结固定，历时 3 ~ 4 分钟。初包揉后及时解去白布，将茶团解散，以免闷热发黄。

③复烘。茶叶经数次初包揉后，嫩梗、叶片被扭曲，汁液外溢，茶条回润，此时若不及时复烘，不仅难以成形，而且色泽褐变。复烘可以改善叶子的理化可塑性，为复包揉造型创造条件，并保持茶叶固有色泽。复烘应“适温、快速”，控制茶坯含水量，防止失水过多，造成“干揉”，产生过多的碎茶粉末。复烘的次数要根据复包揉的需要灵活掌握，一般复烘一次即可。

④复包揉。复包揉方法同初包揉，最后一次包揉后，固定时间较长，称定型。一部分粗细不一的叶片，在复包揉中进行筛分，把不结实的条形进行第三次复烘和包揉，包揉后捆紧布巾，搁置几分钟，以助条形紧结。定型后的茶球应立即解块干燥，以固定已形成的外形。

⑤烘干。茶叶烘干是初制工艺的最后一道工序，目的是去掉多余的水分和杂味，发展和完善乌龙茶色、香、味的品质。目前大多采用烘干机进行烘干作业，分两次进行。烘干后稍经摊放，即可装箱待售。

毛茶受品种、产地、栽培技术、季节气候、初制条件、初制技术等因素制约，不论是外部形态还是内质风格，均不尽一致。同时，毛茶中含有梗、片和非茶类夹杂物，影响茶叶外形和内质，不符合商品茶要求，也不便泡饮、储存、包装、运输。因此，毛茶必须通过精制加工，使之成为一定规格的商品茶，以满足国内外市场的需求，取得最佳经济效益。乌龙茶精制工序一般包括定级归堆、毛茶拼配、筛分、风选、拣剔、复火、匀堆和包装。

（2）闽北乌龙的工艺特点。闽北乌龙主要以武夷山的武夷岩茶、闽北水仙、武夷奇种为代表，制茶技艺独特，工艺精巧。武夷岩茶传统手工制法多达 18 道工序，现除少数高端茶仍采用传统制法外，大宗产品均采用机械化生产。

相较于闽南乌龙，闽北乌龙鲜叶较粗老。一般标准是芽叶发育成熟形成驻芽时，采 3 ~ 4 叶，俗称开面采。其制作工序分为萎凋、做青、杀青、揉捻、烘焙等。

1）萎凋。和闽南乌龙相比，闽北乌龙萎凋程度较重。

2）做青。闽北乌龙做青在室内进行，一般采用手工水筛摇青、摇青机摇青和综合做青机做青三种方法。手工水筛摇青是武夷岩茶传统做青方法，将 0.3 千克左右的萎凋叶置于水筛中央，双手执筛摇动，叶子在筛面滚动作圆周旋转，叶与叶、叶与筛面碰撞摩擦，使叶缘组织损伤，发生局部氧化。对于优良品种如水仙或名岩枞等采取“只摇不做”或“多摇少做”的原则。在做青方式上，闽北乌龙具有“重晒、轻摇、摇次多、重发酵”的技术特点。闽北乌龙做青适度标准为叶脉透明，叶色黄绿，叶片柔软如绸、呈汤匙状，叶缘朱砂红，青气消失，散发出浓烈花香。

3）杀青。制作闽北乌龙的鲜叶较老，又经过萎凋和做青，故含水量较少，叶质脆硬，宜采用高温快炒、少透多闷的方法。

4）揉捻。闽北乌龙大部分保留了传统的揉捻工序，形成条索状外形。例如，闽北水仙色泽乌褐油润，硕状重实，茶条先端扭曲；武夷岩茶条索紧结、重实、扭曲，色泽青褐油润。

5）烘焙。烘焙是形成闽北乌龙品质特点的重要过程，低温慢焙是形成闽北乌龙独特香味的重要工艺。

武夷岩茶有着特有的焙制工艺，素来有“武夷焙法，实甲天下”之称。它的烘焙特点是高温水焙和文火慢烤，形成了岩茶特有的火功香。首先是初焙，炒揉后的初焙也称走水焙，温度 100 ~ 110 摄氏度，历时 10 ~ 15 分钟；其次是摊凉，在焙至七八成干时，筛去碎末，簸去黄片，拣去梗朴，摊凉 6 ~ 10 小时，俗称凉索；再其次要进行复焙，低温慢烤，火温 75 ~ 85 摄氏度，历时 1 ~ 2 小时，足干后下焙；然后进行“吃火”，也称“炖火”，温度控制在 70 ~ 90 摄氏度，历时 2 ~ 4 小时；最后趁热装箱，从而形成武夷岩茶特有的火功香。焙茶如图 3–3–22 所示。

图 3–3–22　焙茶

（3）广东乌龙的工艺特点。以凤凰单丛闻名的广东乌龙属高香型茶叶，有十大香型的称谓。因此，在制作广东乌龙时，香气的提炼尤为重要。具体来说，广东乌龙的制作工序可分为萎凋、做青、杀青、揉捻、理条、烘焙、复焙提香七道工序。

理条是广东乌龙特有的工序。理条的主要目的是塑形、失水、显毫和提香。揉捻后分两次理条。一般有手工理条和机械理条两种方式，手工理条要借助炒锅，机械理条则是将茶叶投入理条机。第一次理条，锅温 70 摄氏度，投叶量每槽 0.1 千克左右，往复频率每分钟 130 ~ 140 次，理条 3 ~ 4 分钟，待茶条初步理直下机，摊凉后进入初烘焙作业；第二次理条锅温 60 摄氏度，投叶量每槽 0.15 千克左右，往复频率每分钟 110 ~ 120 次，理条 3 ~ 4 分钟，待茶条理直即可下机。

（4）台湾乌龙的工艺特点。福建的乌龙茶品种和制茶技术传入台湾后，当地才开始生产乌龙茶。几个世纪以来，在台湾茶人与福建在台茶人的共同努力下，吸收闽北与闽南制茶的技术、特点与经验，并结合台湾的土壤、气候等自然环境条件及市场需求，不断应用新科技、新工艺改进产制技术，逐渐演变成独特的台湾乌龙制茶工艺。

台湾乌龙按外形与发酵程度可分为条形包种茶、半球形包种茶、球形包种茶和白毫乌龙，加工工艺一般包括萎凋、做青、杀青、揉捻、团揉和干燥。台湾乌龙大部分发酵程度较轻，白毫乌龙发酵程度较重。团揉是台湾乌龙独有工序，一般采用速包机、松包机、球茶机和炒干机进行定型，全程需 10 ~ 12 小时。炒热、速包、团揉、静包定型等过程是台湾乌龙造型工序，也是台湾乌龙色香味进一步发展的过程。

台湾乌龙重视火功，也称焙火。焙火作业多采用茶叶烘焙箱进行。花果香明显、滋味醇爽的台湾乌龙，其焙火作业采用低温短时的方法，以保留茶叶固有品质。中低档台湾乌龙的焙火作业采用低温慢烤的方法，焙火时间长，利用热化学作用发挥茶香，以去除青气和苦涩味。

四、全发酵茶类的工艺特点

1. 红茶的工艺特点

红茶制茶工艺繁复，要经过萎凋、揉捻、发酵、干燥等工序，费时费力，工夫红茶因此得名。除此之外，小种红茶和红碎茶在制作中还拥有独特的工艺。

（1）小种红茶的工艺特点。小种红茶的制作工艺为日光萎凋、揉捻、发酵、过红锅、复揉、毛火、摊放、拣剔、熏焙等。其特点是鲜叶较成熟，萎凋宜轻，揉捻较重，且重发酵。

过红锅是小种红茶特有的制作工艺，是用高温快速地将发酵叶适度炒热，利用锅炒时的高温，迅速破坏茶叶中酶的活性，使其停止发酵，以保留较多的多酚类化合物，为之后工序进行缓慢的非酶性氧化创造条件。

熏焙也是小种红茶的独特工艺，是小种红茶形成松烟香的过程。小种红茶的干燥作业就是用熏焙一次完成的。熏焙在“青楼”中完成。青楼是用于萎凋、烘干茶叶的木质结构阁楼。熏焙的具体方法是将复揉后的茶坯均匀地抖散在水筛上，然后将水筛放在青楼的吊架上，下面烧松柴明火，让热气导入青楼底层，开始时要用大火，烘焙 3 小时后，用小火浓烟，再烘焙 8 ~ 12 小时，直到茶叶干燥。由于采用松柴，因此熏焙后的小种红茶具有松烟香。

（2）工夫红茶的工艺特点。工夫红茶的制作分初制和精制两个阶段，有的甚至还有后制阶段。工夫红茶的初制分为萎凋、揉捻、发酵和干燥。初制成条形红茶之后，通过筛分、风选、拣剔、复火、匀堆等工序制成工夫红茶的成品。工夫红茶的制作特点是适度萎凋、多次揉捻、适度发酵、充分干燥、分次筛分，成条率为 90% 以上。

1）萎凋。萎凋是红茶制作中一道非常重要的工序，它是将鲜叶摊放在一定的设备和环境下，使其水分蒸发、体积缩小、叶质变软、酶活性增强，引起茶叶内含物发生变化，促进茶叶品质形成的过程。在红茶的萎凋工序中，最关键的是控制好茶叶水分变化和化学变化的程度。

2）揉捻。揉捻是工夫红茶初制过程中必不可少的一个流程，它是在人力或者机械力的作用下，使叶子卷成条状并破坏叶子内部组织的过程。揉捻可以分为初揉和复揉。初揉是在茶叶萎凋后，对茶叶进行初步整形工序的统称，目的在于塑造茶叶美观匀整的外形，同时使揉出的汁液黏附于叶表，以方便冲泡时浸出，还有利于缩小茶叶的体积，方便储存和运输。复揉就是重复揉捻的过程，以促进茶叶进一步成形。

3）发酵。发酵是红茶制作中的关键工序，是以绿叶红变为主要特征的生化反应过程。在发酵过程中，经过萎凋、揉捻的茶叶会进行酶促氧化，揉捻叶由绿变红，形成红茶特有的色香味品质。

早期的红茶制作是使用热发汗，经锅炒、堆积之后阳光晒渥，上盖棕衣、厚布保温的方法。后发展为使用专门发酵室，采用加热高温的盘式发酵法，近年发展为使用发酵机控温发酵。由于红茶在发酵过程中会受到温度、湿度、通氧量、时间等的影响，因此红茶发酵一般选择在温度和湿度适宜的发酵室进行。

需要注意的是，红茶的发酵其实是内在物质的一种氧化反应，而不是借助微生物在有氧或者无氧条件下的生命活动来制造微生物菌体本身，或者直接代谢产物或次级代谢产物的过程。同时，红茶的发酵过程也并不是一蹴而就的，其在萎凋、揉捻时发酵过程就已开始。

4）干燥。干燥是红茶初制过程中的最后一道工序，是将茶叶中的多余水分汽化，破坏茶叶的酶活性，抑制酶促氧化反应，促进茶叶内含物发生热化学反应，提高茶叶的香气和滋味，形成外形的过程。在红茶制作过程中，干燥工序完成得好坏与否，直接影响茶叶的品质。红茶一般采用烘干的方式进行干燥。

5）筛分。工夫红茶初制以后即可饮用，但是为了提升红茶的品质，增加红茶的市场价值，尤其是在制作名优红茶时，还要对其进行精制。精制阶段就是将初制过的毛茶，经过筛分、风选、切碎、拣剔、干燥、匀堆等工序，按毛茶的大小、粗细、圆扁、长短、轻重分开，拣去梗杂，加工成品质不同的成品茶，以便分级包装。

有时候，为了改良工夫红茶的口味和品质特性，还会对精制后的红茶进行后制。后制阶段的工艺主要有焙火、掺和、拼配等，还可通过窨花或窨香制成窨花（香）红茶。

（3）红碎茶的工艺特点。红碎茶的加工工艺是在工夫红茶加工工艺基础上发展起来的，因此两者的制茶工艺基本相同。但是由于品质要求不同，在具体操作工艺与机具上红碎茶与工夫红茶有较大的差异，特别是红碎茶揉切过程与工夫红茶揉捻工艺不同，从而形成了红碎茶特有的品质。红碎茶的特点是轻度萎凋、快速充分揉切、通气低温发酵、薄摊快速干燥。

揉切是红碎茶独有的工序，是红碎茶塑形和奠定内质的关键步骤。揉切的基本原理是通过机械揉紧、绞切、挤压、撕裂、锤击等方法，强烈快速地将茶叶叶片切碎成小颗粒状或片末状，通过 6～7 孔筛提取符合规格的揉切叶进行发酵。

对于红碎茶来说，当茶坯青臭气消除，呈现出绿黄色、橘黄色或初现红色时即为发酵适度。

2. 黑茶的工艺特点

黑茶的鲜叶大多选取较粗老的原料。一般认为“嫩而优，老而劣”，其实并不尽然，成熟茶叶中的营养成分更加丰富，但苦涩味重，而黑茶的发酵工序正好解决了这一问题。

（1）黑茶的特殊工艺。黑茶初加工所使用的原料要有一定成熟度，多用形成驻芽的新梢，由于芽叶较粗老，原料的采收方式为采割。因此，黑毛茶外形粗大，叶大梗长。黑茶虽然产地不同，种类繁多，但均有其共同的特点，即鲜叶原料粗老，都有渥堆变色工艺。

黑毛茶加工分为杀青、揉捻、渥堆、干燥等工序，其中渥堆是黑茶品质形成的关键工序。

1）杀青。黑毛茶杀青的目的与绿茶类似，即利用高温辐射快速钝化氧化酶的活性。由于黑毛茶原料较粗老，为避免水分不足导致杀青不匀、不透，杀青前都要洒水，以确保高温的水蒸气能钝化细胞内酶的活性，也称为“洒水灌浆”。杀青通常分为手工杀青和机械杀青两种方式。

2）揉捻。黑毛茶揉捻分为初揉和复揉两道工序。初揉主要是为了保证茶叶初步成条，揉出的茶汁黏附于叶片表面，为渥堆创造条件，杀青叶要趁热揉捻。复揉则是为了使渥堆后回松的茶条卷紧，要注意加压的力度，以防揉烂叶片。

3）渥堆。渥堆是黑毛茶初制中的特有工序，也是黑毛茶品质形成的关键工序。渥堆是将揉捻叶趁热堆积成 0.8～1 米的茶堆，历时 12～24 小时。渥堆过程中，在水、温度、微生物等因素的共同作用下，茶叶中的内含物发生一系列复杂的理化反应，从而形成黑毛茶特殊的品质风味，表现为虽然茶叶粗老，但香味醇和不粗涩，汤色橙黄，风味不同于其他茶类，形成独具一格的品质风格。

4）干燥。黑毛茶的干燥与其他茶类的干燥工序目的相同，主要是散失水分，进一步发展和形成黑茶特有的品质风格。因产地不同，通常有晒干、烘干和机械干燥三种方式，传统上采用明火或烟熏焙干的方式，其产品有特殊的松烟香。近年来，科学研究发现烟雾中有许多有害成分如多环芳烃类物质等，有碍人体健康，因此松柴明火烘焙的方式正在逐渐消失。

不同种类的黑茶其加工工艺和步骤大致相同，但各个地域的具体操作方式略有不同，有些地区的黑茶制作还有其独特的工序。

（2）常见黑茶的工艺特点

1）湖南黑茶

①黑砖茶和花砖茶压制。黑砖茶和花砖茶都是以黑毛茶为原料压制而成的，按原料不同分为特制和普通两种。历史上，黑砖茶和花砖茶的原料曾分为洒面和包心两种，其中包心是压在里面，原料相对要差些。20 世纪 60 年代后期，为了保证品质、简化工艺，不再细分为洒面和包心，而是将两者混合压制。

特制黑砖茶采用二、三级黑毛茶压制而成；普通黑砖茶以三级黑毛茶为主料，比例约占 80%，再拼入 15% 的四级原料和 5% 的其他茶压制而成，总含梗量一般不超过 18%。

特制花砖茶以二级黑毛茶为主料压制而成；普通花砖茶则以三级黑毛茶为主料加工压制而成。现代黑砖茶和花砖茶的加工过程主要包括原料筛分、整理拼配、汽蒸压制、干燥包装等工序。除原料有差异外，黑砖茶与花砖茶的区别还在于：压成砖茶后表面的图案和文字不同。

②茯砖茶压制。茯砖茶按品质不同可分为特制茯砖和普通茯砖两种。其中，特制茯砖全部采用三级黑毛茶为原料；普通茯砖中三级黑毛茶占 40%～45%，四级黑毛茶占 5%～10%，其他茶占 50%。

茯砖茶的压制要经过原料处理、蒸汽渥堆、压制定型、发花干燥、成品包装等工序。其压制程序与黑砖茶、花砖茶基本相同，不同点主要在于砖形上。因茯砖茶特有的发花工序，茯砖茶的整个烘期比黑、花两砖长一倍以上，以使其缓慢发花。发花是茯砖茶加工的特殊工艺，通过发花使砖内形成一种金黄色的花斑，俗称金花或黄花，即冠突散囊菌的闭囊壳。发花期全程以 20～22 天为宜，具体操作程序包括进烘、调温排湿、检查发花、及时干燥和包装。其中，温度和湿度是茯砖茶发花的关键所在，温度通常为 26～28 摄氏度，相对湿度为 75%～85%，适宜的温度和湿度能促进金花的生长、繁殖。一般来说，茯砖茶的金花越多，品质越好。发花可增进茯砖茶的香味，使汤色变得黄红明亮，并能增强茯砖茶的保健功效。发花后期为干燥期，干燥阶段温度逐渐升高，相对湿度逐渐下降，当砖坯含水量降至要求值时，即停止加温，开窗冷却出烘。

③三尖茶加工。三尖茶为天尖、贡尖和生尖。天尖的原料以特级、一级黑毛茶为主，拼入少量二级提升黑毛茶；贡尖以二级黑毛茶为主，拼入少量一级下降黑毛茶和三级提升黑毛茶；生尖用的毛茶较为粗老，大多为片状，含梗较多。

三尖茶加工工艺较为简单，经过筛分、风选、拣剔、高温汽蒸软化、烘焙、拼堆、包装等工序，即为成品。

④花卷茶加工。花卷茶初名百两茶，因一卷（支）茶净重合老秤一百两而得名。清同治年间，出现了规格更大的千两茶，即一卷（支）茶净重为老秤一千两，俗称安化千两茶。

花卷茶按分量的不同又称为十两茶（362.5 克 / 支）、百两茶（3.625 千克 / 支）、千两茶（36.25 千克 / 支）等，所用原料为一、二级或二、三级纯正黑毛茶，且无梗无杂，盛茶的长筒篾篓必须是新鲜南竹织成的，一根南竹只能织一支篾篓。

花卷茶的生产需经原料晒制、拣剔、整形、拼堆等程序，在加工上需经绞、压、踩、滚、锤等工艺，最好以蓼叶裹胎，外包棕片，再用花格竹篾捆压箍紧，成茶呈圆柱形。

成品茶制成后不能立即出售饮用，还要进入陈放期（一般为 7 ~ 8 年），且陈放越久，质量越好，口味越佳。

2）湖北老青茶。加工青砖茶的原料称为老青茶，分为里茶和面茶，压制砖茶表层的茶坯称为面茶，砖茶里层的茶坯称为里茶。鲜叶采割标准按茎梗皮色分为三级：一级茶（洒面茶）以白梗为主，稍带红梗，即嫩茎基部呈红色（俗称乌巅白梗红脚）；二级茶（二面茶）以红梗为主，顶部稍带白梗；三级茶（里茶）为当年生红梗，不带麻梗。

老青茶面茶制作工艺较精细，里茶较粗放。面茶的制作工序为杀青、初揉、初晒、复炒、复揉、渥堆、干燥七道工序。里茶的制作工序为杀青、揉捻、渥堆、干燥四道工序。

青砖茶的压制过程主要有称茶、汽蒸、预压、压紧、冷却定型、退砖、修砖、干燥等工序。

3）四川黑茶

①南路边茶。南路边茶是四川边茶的大宗产品，过去分为毛尖、芽细、康砖、金尖、金玉、金仓六个品种，现在为康砖、金尖两个品种。南路边茶以雅安、乐山为主产地区，现已扩大到四川全省及重庆市，集中在雅安、宜宾、重庆等地压制。

南路边茶因鲜叶加工方法不同，把毛茶分为两种：杀青后未经蒸揉而直接干燥的，称毛庄茶或称金玉茶，毛庄茶制法简单，品质较差；杀青后经多次蒸揉和渥堆然后干燥的，称庄茶。茶区如今推广做庄茶，而逐步淘汰毛庄茶。做庄茶传统做法工艺较烦琐，最多要经过一炒、三蒸、三踩、四堆、四晒、二拣、一筛共 18 道工序，最少也要经过 14 道工序。经过茶叶工作者的不断改进，其工艺目前已简化。

康砖、金尖都是经过蒸压形成的砖形茶，康砖品质较高，金尖次之。二者加工方法相同，区别在于原料品质的差异。

②西路边茶。西路边茶包括四川都江堰、川北一带生产的边销茶，用篾包包装。都江堰所产的称方包茶，川北所产的称圆包茶。目前通常按方包茶规格要求进行加工。

西路边茶原料比南路边茶更加粗老，以 1～2 年生枝条为原料，是一种最粗老的茶叶。产区大都实行粗细兼采制度，一般在春茶采摘一次细茶之后，再割边茶。西路边茶初制工艺简单，将枝条杀青后直接干燥即可作为西路边茶的原料，含梗量 20%。将枝条直接晒干的，作为方包茶的配料，含梗量 60%左右。

方包茶的压制工艺分蒸茶、渥堆、称茶、炒茶、筑包、封包、烧包、晾包等工序。

4）广西六堡茶。六堡茶是传统黑茶产品中原料选用最精细的一个茶类。六堡茶的采摘标准为一芽二三叶至四五叶，采后保持新鲜，当天采当天付制。初制茶加工采取单级付制、分级收回的方式。由于六堡茶要求条索粗壮成条，因此在毛茶加工中力求避免条索断碎。

六堡茶的加工工艺分为杀青、揉捻、渥堆、复揉、干燥五道工序。初制的毛茶需要经过复制才能成为成品茶，复制的过程除基本的过筛整形、拣梗拼堆外，还包括冷发酵、烘干、上蒸做形、晾置陈化几个步骤。

5）云南普洱茶。目前，普洱茶多指以云南大叶种经杀青、揉捻、解块、晒干制成的晒青毛茶（滇青）经自然缓慢发酵或人工发酵处理制成的散茶，以及压制的紧压茶。普洱茶加工工艺分为杀青、揉捻、晒干、洒水渥堆、晾干、分筛六道工序。为了方便运输和储存，普洱茶还被加工成饼茶、沱茶、方茶、砖茶等形式的紧压茶。

课程 3-4　中国名茶及其产地

一、中国主要茶区

中国是世界上茶叶产量最大的国家，截至 2018 年年底，中国茶园面积超过 293 万公顷。江苏、浙江、安徽、福建、江西、山东、河南、湖北、湖南、广东、广西、海南、重庆、四川、贵州、云南、西藏、陕西、甘肃、台湾 20 个省（直辖市、自治区）、近千个县市生产茶叶。按照地区划分，分为四大茶叶产区，分别是西南茶区、华南茶区、江南茶区和江北茶区。

中国西南地区是茶树的原产地，也是最早利用茶叶的地区。到了唐代，我国南方绝大多数地区都已经有茶叶生产了。

到了宋代，产茶区域几乎没有什么变化，但优质产区已经从顾渚变成了建州。宋代沈括就曾经为建州不曾登上古人的优秀茶产区而鸣不平，《梦溪笔谈》记载："古人论茶，唯言阳羡、顾渚、天柱、蒙顶之类，都未言建溪。"其中，建溪是指建州北苑。明代许次纾《茶疏》一言概括："江南之茶，唐人首称阳羡，宋人最重建州。"北苑贡茶的名声从五代十国开始，直至明代初期，延续 400 多年。

明清时期，云南的普洱茶也开始进入人们的视线。云南是我国发现和利用茶最早的地区之一，只是早期都拿来烹煮饮用，没有采造之法。唐代樊绰《蛮书》就曾记载："茶出银生城界诸山，散收无采造法。蒙舍蛮以椒姜桂和烹而饮之。"这里的人们对茶的利用方法还偏于食用。明代谢肇淛《滇略》记载："滇苦无茗，非其地不产也，土人不得采取制造之方，即成而不知烹瀹之节，犹无茗也。昆明之泰华，其雷声初动者，色香不下松萝，但揉不匀细耳。点苍感通寺之产过之，值亦不廉。士庶所用，皆普茶也，蒸而成团，瀹作草气，差胜饮水耳。"直到此时，对云南茶的评价还是不高。不过到了清代，普洱茶便开始名扬天下了。明清之际，并没有像宋之建州这般一枝独秀的产区，而是百花齐放。《宁化县志》就曾记载："近代惟重长兴之罗岕，岕有数处，惟重洞山，他如歙之松萝，吴之虎丘，钱塘之龙井，并与岕颉颃。"特别是清代中后期，江苏、浙江、安徽、四川、福建等地的名茶不仅闻名国内，更是远销海外，广受追捧。

抗日战争时期，茶叶生产遭受毁灭性打击，茶叶产量日趋下降，直到 1949 年以后才逐渐得到恢复。在政府的提倡和扶持下，西藏等并无茶叶生产历史的地区也开始进行茶叶试种、试制并取得了成功，也有了大规模的生产制作。近些年，我国的茶园面积不断扩大，茶叶产量不断提高，各大茶叶产区的名优茶产品数量也在逐步增加。

二、历史名茶及其产地

1. 唐代

我国产茶历史悠久，早在唐代以前，就有多种名茶出现在史料记载当中。比如西汉王褒《僮约》中记载的“武阳茶”，就产自今四川彭山一带，还有东晋常璩《华阳国志》记载的“巴蜀贡茶”等。

唐代是我国茶叶发展史上的第一个巅峰时期。此时，天下名茶接连出现，产地也分布于各大茶区。按唐代李肇《唐国史补》所载，唐代名茶有：蒙顶石花、小方、散牙，产自今四川雅安；顾渚紫笋，产自今浙江长兴；神泉、小团、昌明、兽目，产自今四川绵阳；碧涧、明月、芳蕊、茱萸，产自今湖北宜昌；方山露芽，产自今福建福州；香山，产自今重庆巫山；楠木，产自今湖北松滋；衡山，产自今湖南衡山；浥湖含膏，产自今湖南岳阳；义兴紫笋，产自今江苏宜兴；东白，产自今浙江东阳；鸠坑，产自今浙江建德；西山白露，产自今江西南昌；霍山黄芽，产自今安徽霍山；蕲门团黄，产自今湖北蕲春；浮梁茶，产自今江西景德镇。

除此之外，唐代名茶还有：鄂州团黄，产自今湖北恩施；归州白茶，产自今湖北秭归；仙人掌茶，产自今湖北当阳；蒙顶研膏、蒙顶压膏露芽、云茶、雷鸣茶，产自今四川雅安；峨眉白芽茶，产自今四川峨眉山；蝉翼、麦颗、鸟嘴、片甲、横牙、雀舌，产自今四川都江堰；渠江薄片，产自今湖南安化；金州芽茶，产自今陕西安康；梁州茶，产自今陕西汉中；牛轭岭茶、歙州方茶、新安含膏，产自今安徽黄山；鸦山茶、瑞草魁，产自今安徽宣城；舒州天柱，产自今安徽潜山；小岘春、六安茶，产自今安徽六安；径山茶，产自今浙江余杭；婺州方茶、举岩茶，产自今浙江金华；灵隐茶、天竺茶，产自今浙江杭州；夷州茶，产自今贵州石阡；费州茶，产自今贵州印江；庐山云雾，产自今江西庐山；蜡面茶、建州大团、建州研膏茶，产自今福建建瓯；罗浮茶，产自今广东博罗；岭南茶、韶州生黄茶，产自今广东韶关；吕仙，产自今广西灵川；象州茶，产自今广西象州；银生茶，产自今云南思茅、西双版纳。

唐代名茶众多，以上不过是各个地区比较有代表性或是各类文献提及较多的名茶。

2. 宋代

宋代在继承唐代名茶的基础上，又出现了一批新的名茶，尤其是以建瓯地区为主生产的北苑贡茶。

北苑贡茶花色有：壑源茶、曾坑茶、佛岭茶、沙溪茶、洪井茶、龙凤茶、大团、大龙、大凤、小龙、小凤、白乳、的乳、石乳、密云龙、瑞云翔龙、白茶、三色细芽、御苑玉芽、万寿龙芽、无比寿芽、贡新镑、长寿玉圭、小芽、拣芽、上林第一、乙夜清供、承平雅玩、龙凤英华、玉除清赏、启沃承恩、雪英、云叶、蜀葵、金钱、玉华、寸金、万春银叶、玉叶长春、宜年宝玉、玉清庆云、无疆寿龙、瑞云翔龙、兴国岩镑、香口焙镑、上品拣芽、新收拣芽、太平嘉瑞、龙苑报春、南山应瑞、兴国岩拣芽、兴国岩小龙、兴国岩小凤、琼林毓粹、浴雪呈祥、壑源拱秀、贡篚推先、价倍南金、旸谷先春、寿岩都胜、延平石乳、银线水芽等，均产自今福建建瓯一带。

除此之外，宋代名茶还有：武夷茶、延平半岩茶，产自今福建武夷山；邛州茶、火井茶，产自今四川邛崃；月兔茶，产自今重庆彭水；白云茶、香林茶、宝云茶、垂云茶、龙井茶，产自今浙江杭州；小溪茶、魏岭茶、紫凝茶，产自今浙江天台；细坑茶、小昆茶、大昆茶、鹿苑茶、紫岩茶、真如茶、五龙茶，产自今浙江嵊州；瑞龙茶、卧龙茶、花坞茶、日铸雪芽，产自今浙江绍兴；瀑布仙茗，产自今浙江余姚；虎丘茶、洞庭山茶、水月茶，产自今江苏苏州；小卷生、开卷、开胜、小巴陵、大巴陵、黄翎毛、白鹤茶，产自今湖南岳阳；金茗、片金、岳麓茶、独行、灵草、长沙石楠、杨树、雨前、雨后，产自今湖南长沙；庆合、运合、禄合、福合、嫩蕊、仙芝，产自今安徽贵池、江西上饶等地；金片、绿英，产自今江西宜春；双井鹰爪，产自今江西修水；宝山、双胜、进宝，产自今湖北武昌；胜金、来泉、华英、早春、先春、紫霞茶、白岳金芽，产自今安徽歙县；修仁茶，产自今广西鹿寨；凤山茶，产自今广东潮阳。

宋代是北苑贡茶一枝独秀的年代，此时各地的制茶工艺基本都在跟随北苑贡茶的脚步。但北苑贡茶依然不能掩盖其他地方名茶的风采，如苏轼就曾赞叹过月兔茶的精美，黄庭坚也曾将家乡的双井茶多次赠友，顾渚、蒙顶、天柱、日铸等传统茶品依然备受推崇。

3. 元明时期

元明时期是我国茶叶发展史上最重要的节点之一，元代一方面继承了宋代时期的茶叶生产技艺，另一方面散茶又开始兴起。这时福建武夷山地区已有“探春、先春、次春、紫笋”四种花色的散茶。到了明代，提倡“罢团茶，兴散茶”，散茶更是迎来了发展的春天。自此，炒青绿茶开始逐步登上历史的舞台，也为其他茶类的诞生打下了良好的基础。

明代部分名茶：武夷岩茶、武夷紫笋，产自今福建武夷山；石崖白、沙溪茶、新添茶，产自今福建建瓯；鼓山半岩茶、方山茶、九峰茶，产自今福建闽侯；白琳茶、太姥山茶，产自今福建福鼎；绍兴茶、日铸茶、小朵茶、雁路茶、丁坑茶，产自今浙江绍兴；天目山茶、昌化茶、龙井茶，产自今浙江杭州；庐山钻林茶，产自今江西庐山；吉安茶，产自今江西吉安；横纹茶、阳坡茶，产自今安徽宣城；青阳茶、茗地源茶，产自今安徽青阳；闵茶、松萝茶、大方，产自今安徽休宁；宾化茶、白马茶、涪陵茶，产自今重庆涪陵；芽茶、家茶、孟冬、铁甲，产自今四川邛崃；骑火茶，产自今四川平武；天全乌茶，产自今四川天全；安化黑茶，产自今湖南安化；春池茶、西山茶、洞山茶、青叶、雀舌、罗岕茶、壶蜂翅，产自今江苏宜兴；古楼茶，产自今广东顺德；黄坑茶，产自今广东蕉岭；桂山茶，产自今广东河源；英德贡茶，产自今广东英德；太华茶、五华茶，产自今云南昆明；感通茶，产自今云南大理点苍山感通寺；普洱茶，产自今云南思茅、西双版纳；紫阳茶，产自今陕西紫阳；汉阴茶，产自今陕西汉阴；薄侧、浅山、东首，产自今河南潢川；乌蒙茶，产自今贵州毕节；横县白毛茶，产自今广西横州。

明代炒青绿茶盛行，各地加工之法均以炒青为上。此时，江苏、浙江、安徽所产茶叶异军突起，尤其受到当时人们的推崇，言茶必称虎丘、罗岕、顾渚、松萝、龙井、日铸。而此时武夷山地区的岩茶和红茶也正处于萌芽时期。四川雅安、天全和湖南安化等地的边销茶产量随着需求越来越大，黑茶工艺已日趋成熟。

4. 清代及民国

我国现代六大基本茶类制作工艺在清代已全部成型，名优茶的种类和品质进一步提升。这主要得益于清代中期以后茶叶贸易的繁荣，尤其是与海外的茶叶贸易促进了我国各地区的茶叶发展。到了民国时期，基本形成了如今地方名优茶品分布的格局。

清代及民国的部分名茶如下。

（1）绿茶类。产自今浙江杭州的龙井茶，产自今浙江绍兴的日铸兰雪茶、平水珠茶，产自今安徽屯溪的屯绿、屯溪珍眉，产自今安徽休宁的松萝绿，产自今安徽黄山的太平猴魁、黄山毛峰，产自今安徽六安的六安瓜片，产自今安徽歙县的顶谷大方、珍眉、贡熙、副熙、熙春、乌龙、蕊眉、针眉、芽雨、蛾眉、凤眉、镏珠、圆珠、宝珠、麻珠、虾目，产自今江苏苏州的碧螺春，产自今浙江长兴的罗岕片茶、顾渚芽茶，产自今江西庐山的庐山云雾、狗牯脑，产自今湖北恩施的恩施玉露，产自今四川峨眉山的峨眉白芽等。

（2）白茶类。产自今福建福鼎、政和、建阳、建瓯等地的白毫银针、白牡丹、寿眉、贡眉，产自今江西宁都的江西岕茶。

（3）黄茶类。产自今四川雅安的蒙顶黄芽，产自今四川绵竹的绵竹黄茶，产自今湖南岳阳的君山银针、北港毛尖，产自今湖南宁乡的沩山毛尖，产自今安徽霍山的霍山黄芽、霍山黄小茶、霍山黄大茶，产自今浙江温州的平阳黄汤，产自今浙江德清的莫干黄芽，产自今湖北远安的远安鹿苑，产自今广东韶关一带的广东大叶青等。

（4）乌龙茶类。产自今福建安溪的铁观音，产自今福建安溪一带的闽南乌龙，产自今福建永春的永春水仙，产自今福建武夷山的武夷岩茶、大红袍、武夷肉桂、武夷白毫、武夷洲茶、武夷水仙、武夷奇种，产自台湾台北的台北乌龙、木栅铁观音，产自台湾新竹、苗栗的台湾乌龙，产自台湾南投的冻顶乌龙，产自今广东潮安的石古坪乌龙茶、凤凰水仙、凤凰单丛，产自今广东饶平的饶平色种等。

（5）红茶类。产自今福建武夷山的武夷工夫红茶、武夷小种红茶，产自今福建南平的棕毛茶，产自今福建福鼎的白琳工夫，产自今福建建瓯的建瓯工夫，产自今福建蒲城的蒲城小种茶，产自今福建福安的坦洋工夫，产自今福建政和的政和工夫，产自今江西铅山的小种河红，产自今江西修水的宁红工夫，产自今湖北宜昌的宜红工夫，产自今湖南平江的湖红工夫，产自湖南安化的安化红茶，产自今安徽祁门的祁红工夫，产自今云南凤庆的滇红工夫等。

（6）黑茶类。产自今湖南安化的黑砖、花砖、茯砖、天尖、贡尖、生尖、花卷茶，产自今四川雅安的毛尖、芽子、康砖、金仓、金玉、金尖，产自今四川都江堰的桌面茶、木鱼茶、板凳茶、圆包茶、方包茶，产自今四川邛崃的竹当茶，产自今广西苍梧的六堡茶，产自今湖北赤壁的青砖茶、峒茶、蒲圻黑茶等。

三、现代名茶及其产地

1949 年以后，我国的茶叶事业发展迅速，茶叶产量和茶叶质量都在稳步提升，各地的名优茶种类也在不断增多。据统计，我国的名茶花色已有 2 000 多种。

1. 洞庭碧螺春

洞庭碧螺春又名“吓煞人香”，为螺形炒青绿茶，主产于江苏苏州太湖洞庭东西山。碧螺春茶条索纤细、卷曲成螺，满身披毫，银白隐翠。经冲泡后，香气浓郁持久，滋味鲜醇甘爽，汤色碧绿清澈，叶底嫩绿明亮。

2. 西湖龙井

西湖龙井为扁形炒青绿茶，主产于杭州西湖群山之中。龙井茶由于产地生态条件和炒制技术的差别，历史上有“狮”“龙”“云”“虎”四个品类。龙井茶色泽翠绿，外形扁平光滑，形似“碗钉”，茶汤碧绿明亮，香馥如兰，滋味甘醇鲜爽，有“色绿、香郁、味醇、形美”四绝佳茗之誉。

3. 六安瓜片

六安瓜片为片形烘青绿茶，主产于安徽六安齐云山一带。这种片状茶叶形似葵花子，遂称“瓜子片”，后称“瓜片”。六安瓜片在我国名茶中独树一帜，其采摘、扳片、炒制、烘焙技术皆有独到之处。六安瓜片呈瓜子形、单片状，自然平展，叶缘微翘，色泽墨绿，大小匀整，不含芽尖茶梗；冲泡后清香高爽，滋味鲜醇，汤色清澈透亮，叶底绿嫩鲜活。

4. 黄山毛峰

黄山毛峰为条形烘青绿茶，产于安徽歙县黄山一带。黄山产茶历史悠久，《徽州府志》记载：“黄山产茶始于宋之嘉祐，兴于明之隆庆。”特级黄山毛峰堪称中国毛峰茶中极品，其外形似雀舌，细扁稍卷曲，色如象牙，常带有金黄色鱼叶；冲泡时汤色清澈，叶底嫩黄，滋味鲜浓、醇厚、甘甜。其中“色如象牙”和“鱼叶金黄”是特级黄山毛峰不同于其他毛峰的两大明显特征。

5. 都匀毛尖

都匀毛尖又名“白毛尖”“细毛尖”“鱼钩茶”，为卷曲形炒青绿茶，主产于贵州都匀。1925 年，《都匀县志稿》记载：“民国四年，巴拿马赛会曾得优奖，输销边粤各县，远近争购，惜产少耳。自清明节至立秋并可采，谷雨最佳，细者曰毛尖茶。”都匀毛尖茶条索紧结，纤细卷曲，披毫。“三绿透三黄”是毛尖茶的特色，即干茶色泽绿中带黄，汤色绿中透黄，叶底绿中显黄。

6. 信阳毛尖

信阳毛尖又名“豫毛峰”，为针形细嫩烘青绿茶，主产于河南信阳。信阳毛尖素以“形美、色翠、香高、味浓”著称，其外形细圆紧直，白毫显露有锋苗，色泽翠绿；内质汤色嫩绿明净，香气鲜浓持久，滋味醇厚而甘；冲泡时，雾气结顶，饮后生津，多次冲泡后香味犹存。

7. 庐山云雾

庐山云雾为条形炒青绿茶，主产于江西九江境内的庐山，庐山产茶历史悠久，东汉时便有僧人采制野茶。庐山云雾外形条索紧结重实，饱满秀丽，色泽碧嫩光滑；冲泡后，汤色清澈透亮，香气鲜爽而持久，滋味醇厚含甘，叶底嫩绿匀齐，柔软舒展。

8. 恩施玉露

恩施玉露为针形蒸青绿茶，主产于湖北恩施。其茶香醇味美，外形色泽翠绿，毫白如玉，格外显眼，故名“玉露”。恩施玉露作为绿茶珍品，其原料细嫩，制工精巧。成茶条索紧细匀齐，光滑挺直，形如松针，色泽苍翠绿润，如鲜绿豆，汤色碧绿清凉，香气清爽，滋味甘美，叶底嫩绿匀整。

9. 君山银针

君山银针为针型黄芽茶，主产于湖南岳阳洞庭湖君山岛。君山银针色、香、味、形俱佳，世称“四美”。其外形如同一根根银针，芽身色泽金黄，满披银毫，因而享有“金镶玉”的美称。冲泡后，香气鲜嫩清纯，沁人肺腑；滋味甘醇甜和，齿颊留芳；叶底嫩黄匀亮，汤色橙黄明净，久置其味不变。

10. 祁门工夫

祁门工夫又名“祁红”，主产于安徽祁门、东至、黟县等地，是我国传统工夫红茶中的珍品，祁红以似花、似果、似蜜的香气而闻名于世，被称为“祁门香”，具有“群芳最”的美称。祁门红茶条索紧细苗秀、锋毫秀丽，色泽乌润。其香气馥郁持久，具有兰花香和果香混合的独特祁门香。祁红的汤色红艳明亮，滋味醇厚，回味隽永，叶底鲜红清明。

11. 安溪铁观音

安溪铁观音主产于福建安溪，其成品色泽褐绿，沉重若铁，茶香浓馥，茶条卷曲、肥壮圆结、呈青蒂绿腹蜻蜓头状；色泽鲜润砂绿，红点明显，叶表带白霜；汤色金黄，浓艳清澈，叶底肥厚明亮，具绸面光泽。泡饮茶汤醇厚甘鲜，入口回甘带蜜味；香气馥郁持久，有“七泡有余香”之誉。

12. 武夷岩茶

武夷岩茶又名“岩茶”“武夷茶”，是用产于福建武夷山岩壑中的茶叶鲜叶制成的乌龙茶。岩茶树种既有无性系良种水仙、肉桂等，也有有性群体种武夷菜茶。优质武夷岩茶香气馥郁胜似梅花，深沉持久胜似兰花，浓饮不苦不涩，滋味浓醇清恬，有岩骨花香的美誉，称为岩韵。

13. 云南普洱茶

普洱茶有生茶和熟茶之分。以云南大叶种经杀青、揉捻、解块、晒干制成的晒青毛茶就是普洱生茶，也称“滇青”。晒青毛茶经人工渥堆发酵处理后的成品叫作普洱熟茶。普洱茶一般指代普洱熟茶。成品普洱熟茶色泽褐红，馥郁芬芳；汤色深红透亮，滋味醇厚滑润，甘甜生津，香气一般呈糯稻香或稻香。

14. 白毫银针

白毫银针因其成茶芽头肥壮、肩披白毫、挺直如针、色白如银而得名，主产于福建福鼎、政和、建阳等地。白毫银针是白茶中的精品，其工艺不炒不揉，日晒而成，极具特色。白毫银针干茶外形壮硕显毫，色泽银灰，熠熠生光；冲泡后毫香明显，汤色杏黄明亮，滋味鲜浓甜爽。

15. 苏州茉莉花茶

苏州茉莉花茶主产于苏州，是由烘青绿茶的茶坯加茉莉花窨制而成的。早在宋代，我国就开始了窨花茶的制作。苏州盛产烘青绿茶和茉莉花，拥有得天独厚的条件。苏州茉莉花茶香气清芬鲜灵，茶味醇和含香，汤色黄绿澄明。

课程 3-5　茶叶品质鉴别

一、茶叶品质的形成

同一株茶树的鲜叶，经过不同的加工方法，可以得到风格迥异的茶类，无论是香气、滋味都大相径庭。正是利用这一点，人们制造出了六大基本茶类，数千种各具特色的名优茶品。20 世纪以后，科学家应用现代分析技术，对茶叶制造过程中的化学变化及所含微量成分进行研究，掌握了不同茶类特征性工序中化学成分的变化机制，帮助人们进一步了解不同茶类独特品质的形成过程。

1. 绿茶品质形成

形成绿茶品质特征的主要工艺是杀青。杀青是利用高温抑制鲜叶中酶的活性，避免多酚类物质的酶促氧化，防止红梗红叶，形成绿茶清汤绿叶的品质特征。

绿茶加工初期，采摘下来的鲜叶仍在继续进行呼吸作用，部分蛋白质和多糖发生水解，游离氨基酸在增加，这些理化反应提高了茶叶的鲜爽度。茶氨酸由于分解而减少，淀粉、果胶物质水解成可溶性糖（单糖和双糖）和水溶性果胶，茶多酚中的酯型儿茶素适量水解转变成非酯型儿茶素，使苦涩味降低，叶绿素部分水解，使绿茶叶底呈现出嫩绿色。

杀青初期，随着温度的上升，茶多酚氧化酶的活性仍在逐渐增强，当叶温达 70 摄氏度或以上时，茶多酚氧化酶开始失去活性。所以杀青的化学目的是利用高温来钝化酶的活性，尤其是氧化酶类，以终止各种物质的酶促反应。茶多酚在杀青过程中会发生一定程度的自动氧化，酯型儿茶素的水解及异构化作用会使其总量有所减少，蛋白质在杀青的高温高湿条件下部分水解生成游离氨基酸，使得氨基酸总量有所增加。这些变化进一步造就了绿茶鲜醇爽口的口感和滋味。由于多糖的水解使可溶性糖总量有所增加，为后续工序中“甜香”及“甘甜”回味的形成创造了条件。维生素 C 由于高温氧化而明显减少，咖啡碱由于部分升华而减少。通过高温杀青，低沸点的带有青草气的香气成分如青叶醇等大量挥发散失，高沸点的香气成分明显增加。但如果杀青时间过长又会使香气成分及其氧化产物明显减少，对绿茶香气不利。

干燥阶段，具有青草气的低沸点挥发性物质继续挥发，高沸点的芳香物质多数得以保留，挥发性的羰基化合物大量形成，并产生 20 多种含氮杂环化合物，形成绿茶特有的香型。干燥后期还可发生糖类的焦糖化作用，儿茶素、维生素 C 的非酶促氧化作用，叶绿素的脱镁转化作用，某些氨基酸和糖缩合形成糖胺缩合等，这些都与绿茶独特品质的形成有着密切的关系。

2. 黄茶品质形成

黄茶在加工制作过程中首先要经过杀青，鲜叶中的叶绿素由于受热引起氧化、裂解、置换等一系列反应而遭到破坏，使绿色物质减少，黄色物质更加显露出来。其次要经过闷黄，在闷黄过程中，长时的高温闷堆加上微生物作用形成的微酸性条件使叶绿素大量降解，叶绿素 a 与叶绿素 b 的比值降低，较稳定的胡萝卜素保留量较多，叶绿素与类胡萝卜素的比值下降，导致叶底与外形色泽黄变。在高温高湿条件下，儿茶素和黄酮类水解，闷堆中微生物胞外酶和胞内酶的催化作用使少量多酚类物质发生氧化、缩合、聚合，综合形成了黄茶黄叶黄汤的品质特征。

在黄茶的杀青过程中，在热的作用下，糖与氨基酸结合形成糖胺化合物，糖转化为焦糖香，氨基酸转化为醛类物质，挥发性醛类物质含量增加，低沸点的青叶醇等芳香物质大量挥发，残余部分发生异构化，使具有良好香气的高沸点芳香物质显露出来，参与茶叶芳香物质的组成，最终形成了黄茶高爽的香气。

在黄茶的闷黄过程中，多酚类物质发生非酶促氧化，刺激性和收敛性大大降低。由于闷黄过程中的高温和热化学作用，多糖发生转化，蛋白质水解为氨基酸，淀粉水解为可溶性的单糖等，使得黄茶中的氨基酸、可溶性糖含量增加，为黄茶浓醇黏稠的口感滋味奠定了基础。

另外，在闷黄过程中，一些水溶性色素如花黄素类、花青素类也发生了一定变化，湿热作用使其部分水解氧化、异构化及非酶性自动氧化，生成少量的茶黄素和茶红素。酯型儿茶素具备较强收敛性及涩味，茶黄素较为爽口，由此可知，闷黄过程是形成黄茶茶汤浓醇爽口不涩品质特点的关键工序。

3. 白茶品质形成

白茶的制作工艺相对简单，其加工步骤主要是萎凋和焙干。萎凋是形成白茶品质特征的关键。白茶的萎凋并不是单纯的鲜叶失水过程，而是在一定的温度、湿度条件下，随着水分的逐渐散失，叶细胞浓度的改变、细胞膜透性的改变以及各种酶的激活引起一系列鲜叶内含成分的变化。

在萎凋初期，呼吸作用产生的物质可把儿茶素的初级氧化产物邻醌还原为儿茶素，这时儿茶素的氧化还原是平衡的。到了萎凋中期，酶活性加强，儿茶素被氧化成邻醌的量增加，氨基酸与邻醌相互作用产生挥发性醛。在萎凋后期，酶的活性逐渐下降，多酚类的酶促氧化逐渐被非酶性的自动氧化所取代，可溶性多酚类物质与氨基酸以及氨基酸与糖的互相作用，形成了白茶特殊的香气。而后的烘焙工序更是巩固和发展了这种香气。白茶的烘焙适时制止了酶促氧化反应，具有青气和苦涩味的物质在烘焙中进一步转化，如有青气的顺式青叶醇形成具有清香的反式青叶醇，氨基酸也在热作用下氧化脱氨形成芳香醛，最终形成了白茶清高鲜爽的香气。

值得注意的是，在萎凋过程中，淀粉可在淀粉酶的作用下水解形成双糖和单糖，由于单糖和双糖随着呼吸氧化而被进一步消耗，所以萎凋中早期单糖和双糖的量不仅没有增加反而进一步减少。直到萎凋后期，由于鲜叶过度失水抑制了呼吸作用，此时单糖的生成量多于消耗量，茶叶中的糖量才有所增加。白茶萎凋后期单糖和双糖量的积累对白茶甘甜滋味的形成有一定的作用，所以白茶的萎凋时间应该控制好，不可提前结束萎凋也不能使萎凋过度。

4. 乌龙茶品质形成

乌龙茶特有的色泽、芳香和滋味都是特定工艺条件下发生的化学变化所形成的。通过做青、晒青、摇青等过程，多酚氧化酶和过氧化物酶活性上升，儿茶素由于酶促氧化而减少，少量茶黄素、茶红素和茶褐素不断形成与积累，最终形成乌龙茶独有的色泽、香气和口感。

乌龙茶独特色泽的形成主要是由于制作过程中色素发生了化学变化，表现为多酚类的部分氧化（同时适度保留）和茶黄素、茶红素及茶褐素的适量形成。另外，叶绿素、可溶性糖、氨基酸等化合物的转化也十分重要。乌龙茶制造过程中叶绿素大幅降解，但叶心部位保留的叶绿素比叶缘多，加上丰富的脱镁类叶绿素降解产物及适量的多酚类转化色素等因素的共同作用，形成了乌龙茶干茶砂绿油润、叶底绿心红边的品质特征。

乌龙茶在摇青过程中，儿茶素被轻度氧化，促进了类胡萝卜素的降解，形成香味成分，茶氨酸、谷氨酸、天冬氨酸等大量氨基酸明显减少，可溶性糖与氨基酸在做青及后续的干燥工序中发生降解反应生成嗪类、吡咯类物质，促进了乌龙茶香气的形成。在晒青、摇青不断交替进行的过程中，高沸点挥发性香气成分不断形成与积累。这些高沸点的芳香类物质也促使人们使用沸水进行冲泡，以激发茶香。所以冲泡乌龙茶需要用 100 摄氏度的沸水，并且冲泡过程中还需要以沸水淋壶来持续给予加温。

乌龙茶加工过程中，具有苦涩味的酯型儿茶素成为游离型儿茶素，但又保留相当数量的酯类物质，而且乌龙茶成茶中多糖、小分子可溶性糖、蛋白质和氨基酸在制茶过程中总体含量有所增加，使得乌龙茶滋味兼具绿茶的鲜爽和红茶的甜醇与回味感。

5. 红茶品质形成

红茶制造与绿茶、黄茶、乌龙茶、黑茶的最大区别在于它通过萎凋提高鲜叶中酶的活性，并在揉捻和发酵中利用酶促氧化作用，促使茶叶中叶绿素的氧化降解以及儿茶素与多酚类化合物的氧化聚合，生成茶黄素、茶红素等有色物质，从而形成红茶红汤红叶的品质特征。

红茶的香气约有 300 种，这些香气成分一类是鲜叶固有的游离态香气，另一类是鲜叶中多种香气成分经酶促作用及热效应转化形成的特有香气成分。例如，氨基酸经氧化脱氨形成羟基化合物，胡萝卜素经氧化降解形成芳香物质，糖苷水解并形成萜烯醇类和芳香醇类化合物。这些糖苷化合物有许多是香气的前体物，在红茶加工中经相应的酶促水解，对红茶香气的形成产生重要影响。

红茶以其浓郁的花果香及强烈鲜爽的味道著称于世，其强烈鲜爽的滋味产生于茶叶加工过程中。在红茶的发酵过程中，茶多酚发生氧化、聚合、缩合反应，还与蛋白质结合沉积，使滋味从苦涩变为甜醇；在发酵及烘焙中糖类的氧化、裂解和氨基酸的氧化以及它们的相互作用赋予红茶甜香、焦糖香的独特口感。

6. 黑茶品质形成

渥堆是黑茶初制的特征性工序，渥堆的实质是微生物通过胞外酶、微生物热及微生物自身代谢的协同作用，使茶叶内含物发生极为复杂的化学变化，塑造了黑茶特征性的品质风味。在湿热作用下，叶绿素几乎全部降解为脱镁叶绿素及少量脱镁叶绿酸酯，类胡萝卜素中的β– 胡萝卜素、叶黄素、紫黄质等也有较多降解，茶多酚部分氧化聚合形成水溶性的有色产物茶黄素、茶红素及茶褐素。残余的叶绿素、类胡萝卜素及其降解产物、儿茶素的氧化产物等与未氧化的黄酮类、氨基酸、糖类的缩合产物综合作用，形成了黑茶黄褐的外形、叶底色泽和橙黄的汤色特征。

鲜叶中固有的挥发性香气成分及各种香气前体物，如糖类、氨基酸、脂肪、类胡萝卜素、萜烯苷类、儿茶素及其氧化产物等，在湿热作用及渥堆中微生物分泌的各种胞外酶的作用下，发生转化、异构、降解、聚合、偶联等反应，形成了以萜烯醇类和酚类为主体的香气组合，并产生了黑茶特征性香气成分。同时，以茶多酚、氨基酸、糖、嘌呤碱为主体的茶叶滋味物质发生转化，使儿茶素（尤其是酯型儿茶素）和氨基酸总量减少及内部配比改变，有机酸增加，综合协调形成了黑茶醇和微涩的口感。

发花是黑茶中茯砖茶特有的工序，也是茯砖茶特征性风味形成的主要工序。发花过程中冠突散囊菌分泌的各种胞外酶，定向地完成了茯砖茶特有的品质风味物质的转化。黑毛茶中原有的叶绿素降解产物及类胡萝卜素成分，在冠突散囊菌的作用下，进一步降解转化，并合成了与叶黄质和 β- 胡萝卜素性质相似的黄色色素及与叶绿素降解产物色泽相似的未知色素。儿茶素进一步氧化聚合，使茶黄素、茶红素、茶褐素逐步积累，形成了茯砖茶褐黑或黄褐的外形色泽、橙黄或橙红的汤色。在发花与干燥过程中，醛酮类、萜烯类、芳环类、脂肪类、酸酯类、碳氢化合物、杂环化合物等芳香物质含量明显增加，酚类物质减少，在黑毛茶原有香型的基础上再增添陈香和火功香成分，协调成为茯砖茶特有的“菌花香”。呈味物质经诸种变化后，与微生物细胞自溶产物协同作用，形成了茯砖茶甘厚醇和的口感。

二、茶叶感官审评

1. 审评准备

（1）审评设备

1）审评室。审评室要求干燥、清洁，空气新鲜，无异杂气味和噪声干扰，切忌与食堂、化验室、卫生间等相邻。

2）干评台。干评台一般靠窗口设置，用于审评茶叶外形，包括嫩度、条索、色泽和净度，用于放置样茶罐、样茶盘，台面一般漆成黑色，台下设置样茶柜。

3）湿评台。湿评台一般设置在干评台后面，用于鉴评茶叶内质，包括香气、汤色、滋味和叶底，台面一般漆成白色。

（2）评茶用具

1）审评盘。审评盘一般又称为“样茶盘”或“样盘”，用于审评茶叶形状，通常由木材、塑料等材质制成，以无毒和不带静电为原则，有正方形和长方形两种。审评毛茶一般采用竹篾制成的圆形匾。

2）审评杯、碗。审评杯用于冲泡茶叶和审评茶叶香气，审评碗用于装盛茶汤审评汤色和滋味。二者均为纯白色瓷质，大小、厚薄规格必须一致。其规格型号、容量依审评茶类的不同而不同。例如，审评红茶、绿茶、白茶、花茶用柱形杯，通常杯高 6.6

厘米以上，口径 6.5 厘米，容量 150 毫升、200 毫升或 250 毫升，在杯柄对面的杯沿有一半圆形缺口，便于带盖倾倒出茶汤；审评红碎茶的杯沿缺口为锯齿形，起阻拦茶渣的作用，杯盖上有一小孔。审评碗为广口状，高 5.5 厘米，口径 9.2 厘米，容量与茶杯容量相等。

3）叶底盘。叶底盘用于审评茶叶的叶底，由木板制成，漆成黑色。

其他审评用具还有茶秤、秒表、网匙、茶匙、汤杯、茶盂、茶壶、电炉或炭炉、提桶、脸盆等。

（3）审评的关键技术

1）扦样。在扦样前，要检查每票茶的数量，分清批次，再从上、中、下及四周各扦取一把，先看外形、色泽、粗细、水分，干嗅香气是否一致，如果不一致，应将茶叶倒出匀堆后，再从大堆中扦取。如果一票毛茶件数量过多，可以抽取若干袋重新匀堆后扦样，扦取的样茶拼拢充分拌匀，作为“大样”，再从大样中用对角取样法扦取小样 500 克，供审评用。称取开汤审评或检验用的样茶，要先将样茶罐的茶叶全部倒出拌匀，取 200～250 克在样茶盘里，再次拌匀后用拇指、食指、中指抓取，每杯用样应一次抓够，宁可手中有余茶，也不宜多次抓茶添加。测水分、灰分等检验用的样茶，按规定数量拌匀称取，要求扦样动作要轻，尽量避免抓碎弄断导致走样。

2）评茶用水。水质必须符合国家规定的饮用水标准，审评用热水为 100 摄氏度的沸水。

3）泡茶时间与茶水比。茶水比为 1∶50，泡茶时间为 5 分钟。

（4）审评程序。茶叶品质、等级的划分主要根据茶叶外形、香气、滋味、汤色、叶底等项目，通过感官审评来决定。

1）把盘。把盘（见图 3–5–1）俗称摇样匾或摇样盘，是审评茶叶外形的首要操作步骤。一般是将茶叶放入竹篾制成的样匾中，双手持样匾的边缘，做前后左右的回旋转动，使样匾里的茶叶按轻重、大小、长短、粗细等的不同有次序地分布，然后把均匀分布在样匾里的茶叶通过反转、顺转，收拢成馒头形，使毛茶分出上、中、下三个层次，形成上段茶、中段茶和下段茶，再按次序拨开查看。

图 3–5–1　把盘

2）开汤。开汤（见图 3–5–2）俗称泡茶或沏茶，为湿评内质的重要步骤。开汤前应先将审评用的器具洗净，按号码次序排列在湿评台上，称取茶叶 3 克投入 150 毫升的审评杯内（如用 200 毫升容量的审评杯则称取 4 克样茶），杯盖应放入审评碗内，然后用滚沸的开水以慢—快—慢的速度冲泡满杯，泡水量应与杯沿平齐。冲泡第一杯起计时，并从低级茶泡起，随泡随加杯盖，盖孔朝向杯柄，5 分钟后按冲泡次序将杯内茶汤滤入审评碗内，倒茶汤时，杯应卧搁在碗口上，杯中残余茶汤应完全滤尽。开汤后先嗅香气，快看汤色，再尝滋味，后评叶底。

3）闻香气（见图 3-5-3）。一手拿住已倒出茶汤的审评杯，另一手半揭开杯盖，靠近杯沿用鼻轻嗅或深嗅，也有将整个鼻子深入杯内接近叶底以提高嗅觉的闻香法。为了正确判别香气的类型、高低和长短，闻香时应重复 1 ~ 2 次，但每次嗅的时间不宜超过 3 秒。另外，审评的杯数不宜过多，否则闻香的时间会拖长，叶底冷热程度不一致，将影响评比结果。每次嗅评时要将杯内叶底抖动翻身，且在未评定香气前，杯盖不得打开。嗅香气应以热嗅、温嗅、冷嗅相结合进行。辨别茶叶香气以温嗅为主，最适合的叶底温度是 55 摄氏度，热嗅主要是辨别茶叶的异杂味和特殊味，冷嗅主要是评定茶叶香气的持久性。为了区别各杯茶叶的香气，嗅评后分出香气的高低，一般是将香气好的审评杯往前推，次的往后摆，此项操作又叫香气排队。

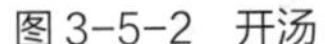

图 3-5-2　开汤

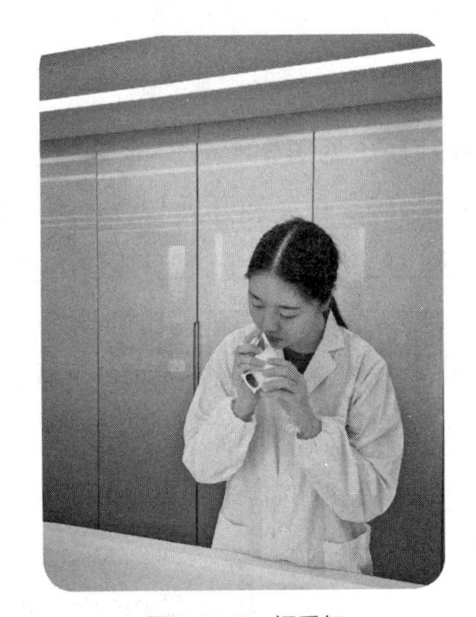

图 3-5-3　闻香气

4）观汤色（见图 3-5-4）。茶叶开汤后，其内含成分溶解在水中所呈现的颜色，称为汤色，又称水色，俗称汤门或水碗。汤色易受光线强弱、茶碗规格和容量、排列位置、沉淀物多少、冲泡时间长短等外界因素影响。如各茶碗茶汤水平不一，应加以调整。如茶汤中混入茶叶残渣，应用网匙捞出，再用茶匙在碗里画圆圈，使沉淀物旋集于碗中央，然后开始审评，按汤色性质及深浅、明暗、清浊等评比优次。

5）品滋味（见图 3–5–5）。评完汤色后立即品尝滋味，茶汤温度以 50 摄氏度左右为宜，用瓷质汤匙从审评碗中取一浅匙吮入口内，使茶汤在舌头上循环滚动，布满舌面，尝味后的茶汤一般不要咽下。尝第二碗时，汤匙中残留的茶液应倒尽或在白开水中漂净，使其不致互相影响，以便正确地、较全面地辨别滋味。审评滋味主要按浓淡、强弱、爽涩、鲜滞及纯异等评定优次。

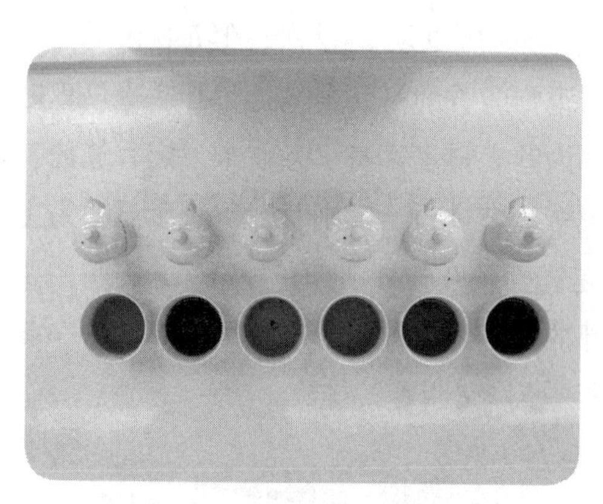

图 3–5–4　观汤色

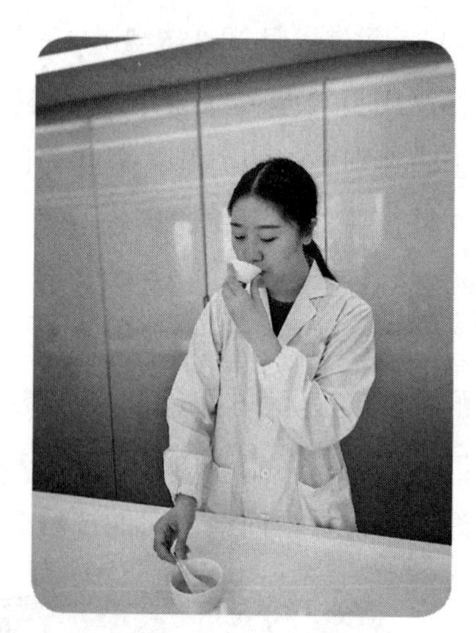

图 3–5–5　品滋味

6）评叶底（见图 3–5–6）。审评叶底主要是靠视觉和触觉来判别，根据叶底的老嫩、匀杂、整碎、色泽和开展与否来评定优次，同时还要注意有无其他掺杂。评叶底时将杯中泡过的茶叶倒入叶底盘或放入杯盖的反面，也可放入白色的搪瓷盘里。注意要把粘在杯壁、杯底和杯盖的茶叶倒净。审评时先将叶张拌匀、铺开，观察其嫩度、匀度和色泽的优次。如感到不够明显，可在盘里加茶汤或清水，使叶张漂在水中，再行观察分析。评叶底时，要充分发挥眼睛和手指的作用，通过手指感觉叶底的软硬、厚薄等，再看芽、叶的含量，以及光泽、匀整程度等。

图 3–5–6　评叶底

2. 绿茶审评

绿茶审评分干评外形和湿评内质两个环节。

外形评老嫩、松紧、整碎、净杂四项因素。其中以老嫩、松紧为主，整碎、净杂为辅。审评时先看面张条索的松紧度、匀度、净度和色泽，然后拨开面张茶，看中段茶的嫩度、条索，再将中段茶拨开，看下段茶的断碎程度和碎、片、末的含量及夹杂物等。一般上段茶轻、粗、松、杂，中段茶较紧细重实，下段茶体小、断、碎。上、中、下三段茶比例适当为正常，如面张和下段茶多而中段茶少则为“脱档”。绿茶嫩度和条索的一般特点是优质茶细嫩多毫、紧结重实、芽叶肥壮完整，低次茶粗松、轻飘、弯曲、扁平。绿毛茶的色泽特点是原料嫩、做工好的，其色泽调和一致，光泽明亮，油润鲜活；原料粗老或老嫩不匀、做工差的，其色泽驳杂，枯暗欠亮。劣变茶其色泽更差。陈茶则无论老或嫩，其色泽一般都枯暗。

评内质时主要评比叶底的嫩度与色泽，对汤色、香气、滋味则要求正常。低级毛茶以评外形为主，优质毛茶则要外形、内质兼看。优质毛茶汤色清澈明亮，低级毛茶汤色较淡欠明亮，酸馊劣变茶的汤色混浊不清，陈茶暗黑，杂质多的毛茶杯底有沉淀。毛茶香气以花香、嫩香为好，清香、熟板栗香为优，淡薄、低沉、粗老为差。如有烟焦味、霉味等则为次品或劣变茶。滋味以浓、醇、鲜、甜为好，以淡、苦、粗、涩为差，忌异味。叶底以嫩而芽多、厚而柔软、匀整为好；以叶质粗老、硬薄、花杂为差。叶底色泽有淡绿黄色、黄绿色、深绿色等，一般以淡绿微黄、鲜明一致，叶背有白色茸毛的为好，其次为黄绿色，以深绿、暗绿为差。

3. 白茶审评

白茶审评分干评外形和湿评内质两个环节。

（1）白茶审评首先评外形，评外形以嫩度、色泽为主，结合形态和净度。

评嫩度比毫心多少、壮瘦和叶张的厚薄。以毫心肥壮、叶张肥嫩为佳，毫芽瘦小稀少、叶张单薄的次之；叶张老嫩不匀、薄硬或夹有老叶、蜡叶的为差。

评色泽比毫心、叶片的颜色和光泽，以毫心叶背银白显露，叶面灰绿，即所谓的银芽绿叶为佳，铁板色次之，草绿黄、黑色、红色、暗褐色及有蜡质光泽的为差。

评形态比芽叶连枝、叶缘垂卷、破张多少和匀整度。以芽叶连枝，稍微舒展，叶缘向叶背垂卷，叶面有隆起波纹，叶尖上翘不断碎、匀正的为好；以叶片摊开、折皱、折贴、卷缩、断碎的为差。

评净度要求不含无蜡叶、老叶、籽及老梗。

（2）白茶审评内质以叶底嫩度和色泽为主，兼评汤色、香气和滋味。

评叶底比老嫩、叶质软硬和匀整度；比叶张颜色和鲜亮度。以芽叶连枝成朵，毫芽壮多，叶质肥软，叶色鲜亮、匀整为好；以叶质粗老、硬挺、破碎、暗杂、花红、黄张、焦叶红边的为差。

评汤色比颜色和清澈度，以杏黄、杏绿、浅黄，清澈明亮的为佳；深黄或橙黄次之；泛红、红色暗浑的为差。香气以毫香浓显，清鲜纯正为好，淡薄、青臭、发霉、失鲜、发酵、熟老为差。滋味以鲜爽、醇厚、清甜为好，以粗涩、淡薄为差。

4. 黄茶审评

黄茶审评分干评外形和湿评内质两个环节。

（1）干茶审评看外形的老嫩、条索、色泽、净度四项因素。

评老嫩比茶叶鲜叶原料采摘的老嫩，以采摘早的、嫩的为优（黄大茶不适用此条）。黄茶因品种和加工技术不同，条索形状有明显差别，如君山银针以形似针、芽头肥壮、满披毛为好，以芽瘦扁、毫少为差；蒙顶黄芽以条索扁直、芽壮多毫为上；鹿苑茶以条索紧结卷曲呈环形、显毫为佳。评色泽比黄色的枯润、暗鲜等，以金黄色鲜润为优，色枯暗为差。评净度比梗、片、末及非茶类夹杂物含量。

（2）内质审评看汤色、香气、滋味、叶底四项因素。

1）汤色。汤色主要从色度、亮度和清浊度三个方面来审评，在某种程度上反映黄茶品质的优次。

①色度。首先看汤色是否呈正常色。黄茶汤色要求为微黄、黄亮色，黄大茶要求为深黄色，绿色、褐色、橙色和红色均不是正常的色泽。再看汤色是否有劣变的情况，橙色或红褐色都是劣变的汤色，茶汤带褐色多为陈化质变之茶。

②亮度。亮者质高，暗者质次。

③清浊度。质地正常的黄茶汤色清澈，杏黄（黄芽茶）、黄亮（黄小茶）、深黄（黄大茶）明亮者为佳。汤色浑浊是闷黄过度产生劣变的茶。

2）香气。黄茶的香气不似绿茶的清鲜浓郁，而是多带焦豆香。一般黄茶茶香高浓带花香，部分黄小茶亦带兰花香气。黄茶评审香气，同样要评三项：是否纯正，香气的高低，香气的长短。部分黄小茶用烟熏，要求带松烟香（如沩山毛尖）；多数黄茶要求高火香，香气要浓高持久。具绿茶鲜香、红茶甜香者，都不是正常的黄茶香。黄小茶的栗香、黄大茶的焦粗香可视为正常。

3）滋味。黄茶滋味的特点是醇而不苦、粗而不涩。与其他茶一样，黄茶的滋味从纯异、浓淡、强弱、鲜滞等方面予以评定。醇和是黄茶的基础滋味，入口醇而无涩，吐出茶汤后回味甘甜润喉。

4）叶底。黄茶叶底从嫩度、色泽、匀度三方面来评定优次。

①嫩度。嫩度从芽与叶的含量、硬软、厚薄、摊卷程度予以区分。其嫩芽多、厚、软、摊者为好茶，叶底硬、薄、卷而不散摊是低级茶的象征。

②色泽。叶底色泽看色度和亮度。黄茶叶底要黄亮，不能暗。黄茶叶底暗可能是闷黄时温度过高、时间太长造成的。

③匀度。叶底不能夹杂对夹叶、单片等，要求老嫩一致、色泽匀齐。

5. 乌龙茶审评

乌龙茶审评具有很强的技术性和实践性，分为干评外形和湿评内质两个环节，干评主要以看茶叶外形为主，湿评主要是通过香气、汤色、滋味、叶底等项目进行审评。评茶时，必须干湿结合，才能获得较为准确和全面的审评结果。

（1）干评外形

1）形状。形状是乌龙茶干评的重点项目，在审评时应当注意区别乌龙茶的形状。闽北乌龙外形为直条形，闽南乌龙大部分为卷曲形，广东凤凰单丛为直条形，岭头单丛为弯条形。卷曲形乌龙茶要求紧结重实肥壮；条形茶一般形状特征明显，以壮结、重实为优，粗松为次。

2）色泽。色泽包括色度和光泽度两方面。色度即茶叶的颜色及其深浅程度。光泽度是指茶叶色泽油润调匀或枯暗、花杂的程度。色泽评比主要是评色泽鲜陈、深浅、润枯、匀杂、品种呈色特征。乌龙茶色泽要求乌润、光亮、朱砂红、乌赤分明，“三节色”协调一致为佳，花杂、枯燥、黑燥、青燥为次。评色泽时，色度与光泽度应结合起来审评。如茶色符合规格，有润泽带油光，表示鲜叶嫩度好，制作及时合理，品质好。

3）净度。净度是指茶叶的干净与夹杂程度，不含夹杂物的净度好，反之则净度差。审评时主要看茶中所含的茶枝、梗片、茶籽及其他夹杂物，其中高级茶要求洁净无梗杂，级次较低的含有较少的梗片或其他夹杂物。

4）整碎。整碎即评比匀整程度、碎末茶含量。一般毛茶要求形状完整，少破碎；高级茶要求大小、壮细、长短搭配匀整、不含碎末。乌龙茶上下级在外形一项一般差距不大，审评时要求不严，但最忌断碎，如果外形断碎、碎末太多，评分就要低些。

（2）湿评内质。相比较于外形，乌龙茶内质审评则更为重要，尤其是香气和滋味方面。

1）香气。评香气主要是分辨茶叶的香型、锐钝、高低、长短等。首先鉴定其香气是否正常，有无异味；其次区别香气的类型、高低和清浊；最后鉴定香气的持久程度。一般高档茶香高、质清、香型明显，如韵香、自然花香、熟果香、甜果香，清纯高长；中级茶香气纯正，或香浓而清纯度欠缺，火工不足的带青气；低级茶香气低粗，火工不足的显粗青。另外，要仔细区分不同品种茶的独特香气，如铁观音的兰花香、观音韵，黄棪的蜜桃香或桂花香，肉桂的桂皮香，武夷岩茶的花香岩韵，凤凰单丛的黄枝花香等，其中以高而长、鲜爽馥郁的为好，高而短次之，低而粗又次之。

2）滋味。滋味审评主要从浓淡、醇涩、品种特征等方面进行评比。茶汤入口时先微苦而回甘，或饮茶入口遍喉爽快，口中留有余甘就是好茶；饮下不顺喉，而且口中留有苦涩味，则为劣茶。不同的品种，茶叶的滋味特点也不一样。一般铁观音醇厚甘鲜，本山浓厚，黄棪清醇，水仙醇厚又醇滑，闽北乌龙浓醇，闽北水仙醇厚，凤凰单丛浓醇，岭头单丛鲜醇又浓厚，台湾红乌龙醇厚软甜。

3）汤色。汤色审评主要鉴别茶汤颜色和清浊度，评颜色深浅、明暗、清浊、新陈及茶汤的光泽度。高档茶一般为金黄、深金黄色，且清澈明亮；中级茶呈橙黄、深黄、清红色，个别为浓红色（如闽北水仙）；低档茶一般汤色较深，由深黄泛红至暗红色。但不同花色之间，色泽特征要求不一；在同一花色中，汤色与等级有一定的级次关系；不同花色，按不同要求评定。

4）叶底。乌龙茶叶底主要是看柔软和做青程度，同时注意有无掺杂。叶质柔软，表示原料嫩度好；叶质粗硬，表示原料粗老，嫩度差，初制不当。叶底色泽软亮，表示发酵正常，初制合理；如发红或青褐说明发酵过度或不足。乌龙茶叶底以肥厚、软亮、匀整，有“青蒂、绿腹、红镶边”为佳，以青红、欠匀、硬、花杂为次。

6. 红茶审评

红茶的审评分干评外形和湿评内质两个环节。干评外形主要看条索、嫩度、色泽、整碎、净度等。其中，条索看松紧、轻重，嫩度看条形粗细、锋苗和含毫量，色泽要求乌润调匀，上、中、下段茶的比例适当，且整碎程度、净度好。内质要香高而长，汤色红艳明亮，滋味纯正，叶底芽叶柔软匀净。

红碎茶分为叶茶、碎茶、片茶和末茶。精制的叶茶要求条索紧直，颗粒饱满重实；片茶皱卷；末茶起砂粒。红碎茶的审评以汤色、滋味和香气为主，外形为辅。

（1）干评外形

1）条索。一般长条形红茶评比条索松紧、弯直、壮瘦、圆扁、轻重，红碎茶评比颗粒松紧、匀正、轻重、空实。

2）嫩度。嫩度是外形审评的重点项目，主要看芽叶比例与叶质老嫩，有无锋苗及条索的光糙度。其中以芽头嫩叶比例近似、芽壮身骨重、叶质厚实的为品质最佳。嫩度好的茶叶，应符合该茶类规格外形的要求，条索紧结重实，芽毫显露，完整饱满。

3）色泽。色泽是茶叶表面的色度和光泽度，即干茶颜色的深浅程度，以及光线在茶叶表面的反射光亮度。红茶的干茶色泽以乌黑油润为最佳，黑褐、红褐次之，棕红再次之。

4）整碎。整碎是指茶叶的匀整程度，以及面张茶是否平伏。

5）净度。净度主要看茶叶中所含的茶枝、梗片、茶籽及其他夹杂物。净度好的茶叶不含任何夹杂物。

（2）湿评内质

1）香气。香气是茶叶冲泡后随水蒸气挥发出来的气味。由于茶类、产地、季节、加工方法不同，成品茶会形成与这些条件相应的香气。例如，小种红茶具有松烟香，祁门红茶具有玫瑰香。审评香气除辨别香型外，主要比较香气的纯异、高低、长短。纯异是指与茶叶应有的香气是否一致，是否夹杂其他异味；高低可用浓、鲜、清、纯、平、粗来区分；长短是指香气的持久性。红茶香气以高而长、鲜爽馥郁的为最佳。

2）汤色。汤色是指茶叶中的呈色物质溶解于水中而反映出来的色泽，汤色随茶树品种、鲜叶老嫩、加工方法、栽培条件、储藏等因素而变化。例如，虽然都是红茶，但有的汤色为橘红，有的为红艳带金圈。审评汤色时，主要应注意色度、亮度、清浊度三方面。

3）滋味。滋味与茶叶的香气和汤色紧密相关。评茶时要区别滋味是否纯正，一般纯正的滋味可以分为浓淡、强弱、鲜爽、醇和几种，不纯正的滋味有苦涩、粗青和异味。好的茶叶浓而鲜爽，刺激性强，或者富有收敛性。

4）叶底。以芽或嫩叶的比例和叶质的老嫩来审评叶底优劣。芽或嫩叶的比例与鲜叶等级密切相关，好的叶底表现为明亮、细嫩、厚实、稍卷，差的叶底表现为色暗、粗老、单薄、摊张等。

7. 黑茶审评

黑茶审评以干评外形的嫩度和条索为主，兼评含杂量、色泽和干香。一、二级黑毛茶也湿评香气和滋味。黑毛茶的嫩度较其他茶类更加粗放，有一定的老化枝叶。

（1）黑毛茶审评要点

1）评嫩。看叶质的老嫩。

2）评条索。比松紧、轻重，以成条率高、较紧结为上，以成条率低、松泡、皱折、粗扁、轻飘为一般。

3）评色泽。比颜色和枯润度，以油黑为优，黄绿花杂或铁板青色为次。南路边茶以黄褐、浅棕褐或青黄色为正常。

4）评净度。看黄梗、浮叶及其他夹杂物的含量。

5）嗅干香。以有火候香、带松烟气为佳，火候不足或烟气太重较次，粗老香气低微或有日晒气为差，有沤烂气、霉气为劣。

6）评滋味。以汤味醇正为好，味粗淡或苦涩为差。

7）看叶底。叶底以黄褐带竹青色为好，夹杂红叶、绿色叶者为次。

（2）黑茶紧压茶审评要点。黑茶紧压茶形态多样，拼配方式上部分黑茶为叶、梗相加，也有外层与里层采用不同原料的。

1）外形审评。黑茶产品形状多样，审评时可简单分为三类进行。

①分里茶与面茶的青砖、康砖、紧茶、圆茶、饼茶、沱茶等，评整个外形的匀整度、松紧度和洒面三项因素。

匀整度：看形态是否端正，棱角是否整齐，压模纹理是否清晰。

松紧度：看厚薄、大小是否一致，紧厚是否适度。

洒面：观察是否包心外露、起层落面，洒面茶应分布均匀。再将个体分开，检视茶梗嫩度，里茶或面茶有无腐烂、夹杂物等情况。

②不分里茶与面茶的篓装茶，如湘尖、方包、六堡茶等，外形评比梗叶老嫩及色泽、松紧度和净度。

嫩度：评其条索的肥嫩度和梗叶的老嫩程度。

色泽：看黄褐或黑褐光润程度。

松紧度：看压制的松紧是否适度。

净度：看篓梗、片末、籽的含量及有无非茶类夹杂物。

③形状为立方体的砖茶，如黑砖、茯砖、花砖、金尖等，外形评比匀整、松紧、嫩度、色泽、净度等。

匀整：即形态端正、棱角整齐，模纹清晰，无起层落面。

松紧：指厚薄、大小一致。黑砖、青砖、花砖是越紧越好，茯砖、饼茶、沱茶不能过紧，而应松紧适度。

嫩度：看梗叶老嫩。

色泽：看油黑程度。金尖应为猪肝色，紧茶要乌黑油润，饼茶要黑褐油润，茯砖要为黄褐色，康砖要为棕褐色。

净度：看筋梗、片、末、籽及其他夹杂物的含量，条索是否成条。

另外，对茯砖进行审评时，应多关注发花状况，以金花茂盛、普遍、粒大的为好。

2）内质审评。在开汤以后，对黑茶的汤色、香气、滋味与叶底进行审评。

汤色：比红明度。花砖要橙黄明亮，方包为深红色，康砖、茯砖以橙黄或橙红为正常，金尖以红带褐为正常。

香气：青砖有烟味是缺点，方包有焦烟味属正常。

滋味：是否有青、涩、馊、霉等味。

叶底：康砖以深褐色为正常，紧茶、康砖、饼茶按品质标准允许有一定比例的当年生嫩梗，但不得含隔年老梗。

三、茶叶仪器审评

1. 茶叶仪器审评相关标准

茶叶检验项目繁多，国内外均有明确的标准和规定。茶叶仪器审评是通过各项检验，使各种茶叶产品符合一定的规格，达到一定的质量要求。为保障茶叶产品质量，维护消费者利益，对茶叶产品按有关规定实行严格检验是必不可少的。

茶叶检验包括茶叶包装检验、衡量检验、茶叶品质规格检验、理化检验和卫生检验。常说的茶叶检验一般是指茶叶的理化检验。理化检验是用物理或化学方法对茶叶相关指标进行测定，评定茶叶品质。理化检验又分为物理检验和化学检验。茶叶物理检验包括粉末和碎茶含量检验、茶叶包装检验、茶叶夹杂物含量检验、茶叶衡量检验等。茶叶化学检验包括特定化学检验（水分检验、灰分检验、水浸出物检验、茶多酚总量检验、咖啡碱检验等）、一般化学检验（茶黄素、茶红素检验，粗纤维检验，红碎茶滋味的化学鉴定，绿茶滋味化学鉴定等）、茶叶农药残留检验（六六六、滴滴涕残留检验，菊酯类农药残留量检验，三氯杀螨醇残留检验，有机磷农药残留量测定等）、重金属等有害物质检验（重金属的检验、放射性物质的检验、硒和氟的检验等）。

我国自 1987 年起颁布了多项茶叶检验类国家标准，后经历次更新，最新的相关国家标准如下。

《茶—取样》GB/T 8302—2013，此标准规定了茶叶取样的基本要求、取样条件、取样人员、取样工具和器具、取样方法、样品的包装和标签、样品运送、取样报告单等内容。

《茶—磨碎试样的制备及其干物质含量测定》GB/T 8303—2013，此标准规定了制备茶叶磨碎试样和测定其干物质含量的方法。

《食品安全国家标准—食品中水分的测定》GB 5009.3—2016，此标准规定了测定茶叶含水量的方法。茶叶含水量若超过一定限度就容易变质，因此水分含量是必测项目。

《茶—水浸出物测定》GB/T 8305—2013，本标准规定了茶叶中水浸出物测定的仪器和用具、操作方法及结果计算方法。水浸出物含量高是茶汤浓度高、品质好的标志。

《食品安全国家标准—食品中灰分的测定》GB 5009.4—2016，此标准规定了茶叶中总灰分测定、茶叶中水溶性灰分和水不溶性灰分的测定、茶叶中酸不溶性灰分测定的仪器和用具、测定步骤及结果计算方法。总灰分含量高是茶叶粗老、品质差的表现，因此必须规定不能超过一定限量；水溶性灰分占总灰分的比例大，是品质好的象征；酸不溶性灰分含量高，是矿物质元素夹杂物过多的表现，表示茶叶品质较差。

《茶—水溶性灰分碱度测定》GB/T 8309—2013，此标准规定了茶叶中水溶性灰分碱度测定的试剂和溶液、仪器和用具、测定步骤及结果计算方法，规定了测定中和总灰分浸出液所需的酸量，或相当于该酸量的碱量，这项指标测定的目的是防止茶叶掺假，要求碱度控制在 1%～3%的范围内。

《茶—粗纤维测定》GB/T 8310—2013，此标准规定了茶叶中粗纤维测定的试剂和溶液、仪器和用具、测定步骤及结果计算方法。粗纤维含量高是茶叶粗老的标志，为防止极粗老的茶叶进入市场，规定茶叶粗纤维含量不得超过 16.5%。

《茶—粉末和碎茶含量测定》GB/T 8311—2013，此标准规定了茶叶中粉末和碎茶含量测定的仪器与用具、试样制备、操作方法及结果计算方法。粉末含量高是筛分不清、茶叶规格较差的表现。

《茶—咖啡碱测定》GB/T 8312—2013，此标准规定了用高效液相色谱法、分光光度法测定茶叶中咖啡碱的仪器和用具、试剂和溶液、操作方法及结果计算方法。咖啡碱具有兴奋和利尿作用，其含量高是茶叶嫩、品质好的表现。

《茶叶中茶多酚和儿茶素类含量的检测方法》GB/T 8313—2018，本标准规定了用高效液相色谱法测定茶叶中儿茶素类含量，用分光光度法测定茶叶中茶多酚含量的方法。

《茶—游离氨基酸总量测定》GB/T 8314—2013，此标准规定了茶叶中游离氨基酸总量测定的仪器和用具、试剂和溶液、操作方法及结果计算方法。多数氨基酸是鲜味物质，含量高是茶汤滋味鲜爽、茶叶品质好的标志。

除了上述国家标准之外，还有茶叶含梗量检验、检疫及卫生检验标准等。茶叶的卫生检验主要为残留农药检验、重金属检验、霉菌检验、非茶类夹杂物的检验等。

2. 六大茶类理化检验基本要求

不同茶类的理化检验要求也不同，具体的要求见表 3–5–1 至表 3–5–7。

表 3–5–1　绿茶理化指标

项目	指标（%）			
	炒青绿茶	烘青绿茶	蒸青绿茶	晒青绿茶
水分（质量分数）	≤ 7.0			≤ 9.0
总灰分（质量分数）	≤ 7.5			
粉末（质量分数）	≤ 1.0			
水浸出物（质量分数）	≥ 34.0			
粗纤维（质量分数）	≤ 16.0			
酸不溶性灰分（质量分数）	≤ 1.0			
水溶性灰分，占总灰分（质量分数）	≥ 45.0			
水溶性灰分碱度（以 KOH 计）（质量分数）	≥ 1.0；≤ 3.0			
茶多酚（质量分数）	≥ 11.0			
儿茶素（质量分数）	≥ 7.0			
注：茶多酚、儿茶素、水溶性灰分、水溶性灰分碱度、酸不溶性灰分、粗纤维为参考指标				
当以每 100 克磨碎样品的毫克当量表示水溶性灰分碱度时，其限量为：最小值 17.8，最大值 53.6				

表 3–5–2　白茶理化指标

项目	指标（%）
水分（质量分数）	≤ 8.5
总灰分（质量分数）	≤ 6.5
粉末（质量分数）	≤ 1.0
水浸出物（质量分数）	≥ 30
注：粉末含量为白牡丹、贡眉和寿眉的指标	

表 3-5-3　黄茶理化指标

项目	指标（%）			
	芽型	芽叶型	多叶型	紧压型
水分（克/100 克）	≤ 6.5		≤ 7.0	≤ 9.0
总灰分（克/100 克）	≤ 7.0		≤ 7.5	
碎茶和粉末（质量分数）	≤ 2.0	≤ 3.0	≤ 6.0	—
水浸出物（质量分数）	≥ 32.0			

表 3-5-4　乌龙茶理化指标

项目	指标（%）
水分（质量分数）	≤ 7.0
水浸出物（质量分数）	≥ 3.2
总灰分（质量分数）	≤ 6.5
碎茶（质量分数）	≤ 16
粉末（质量分数）	≤ 1.3

表 3-5-5　红茶（红碎茶）理化指标

项目	指标（%）	
	大叶种红碎茶	中小叶种红碎茶
水分（质量分数）	≤ 7.0	
总灰分（质量分数）	≥ 4.0；≤ 8.0	
粉末（质量分数）	≤ 2.0	
水浸出物（质量分数）	≥ 34	≥ 32
水溶性灰分，占总灰分（质量分数）	≥ 45	
水溶性灰分碱度（以 KOH 计）（质量分数）	≥ 1.0；≤ 3.0	
酸不溶性灰分（质量分数）	≤ 1.0	
粗纤维（质量分数）	≤ 16.5	
茶多酚（质量分数）	≥ 9.0	
注：茶多酚、水溶性灰分、水溶性灰分碱度、酸不溶性灰分、粗纤维为参考指标		
当以每 100 克磨碎样品的毫克当量表示水溶性灰分碱度时，其限量为：最小值 17.8，最大值 53.6		

表 3-5-6　红茶（工夫红茶）理化指标

项目		指标（%）		
		特级、一级	二级、三级	四级、五级、六级
水分（质量分数）		≤ 7.0		
总灰分（质量分数）		≤ 6.5		
粉末（质量分数）		≤ 1.0	≤ 1.2	≤ 1.5
水浸出物（质量分数）	大叶种工夫红茶	≥ 36	≥ 34	≥ 32
	中小叶种工夫红茶	≥ 32	≥ 30	≥ 28

表 3-5-7　黑茶理化指标

项目	指标（%）	
	散茶	紧压茶
水分（质量分数）	≤ 12.0	≤ 15.0（计重水分 12.0）
总灰分（质量分数）	≤ 8.0	≤ 8.5
水浸出物（质量分数）	≥ 24.0	≥ 22.0
粉末（质量分数）	≤ 1.5	—
茶梗（质量分数）	根据各产品实际制定	
注：采用计重水分换算成品茶的净含量		

课程 3-6　茶叶储存与产销

一、茶叶储存

1. 茶叶变质因素

要了解茶叶的储存方法，首先要知道引起茶叶变质的因素，然后再根据原因适当储存茶叶。

茶叶是疏松多孔的干燥物质，如果储存不当，就很容易发生不良变化，如变质、变味、陈化等。造成茶叶变质、变味、陈化的主要因素有温度、水分、氧气、光线和异味。因此，不让茶叶受到温度、水分、氧气、光线及异味的损害，是保存好茶叶的首要工作。

（1）温度。温度越高，茶叶品质变化越快。平均每升高 10 摄氏度，茶叶色泽的褐变速度将提高 3 ~ 5 倍。把茶叶储存在 0 摄氏度以下的地方，能较好地抑制茶叶的陈化和品质损失。

（2）水分。茶叶的水分含量在 3% 左右时，茶叶成分与水分子呈单层分子关系。因此，可以较有效地把脂质与空气中的氧分子隔离开来，以阻止脂质的氧化变质。当茶叶的水分含量大于 6% 时，水分的作用就会转变成溶剂，引起激烈的化学变化，从而加速茶叶的变质。

（3）氧气。茶中多酚类物质的氧化、维生素 C 的氧化以及茶黄素、茶红素的氧化聚合都和氧气有关，这些氧化作用会产生陈味物质，严重影响茶叶的品质。

（4）光线。光线的照射可加速各种化学反应，对茶叶储存极为不利。光能促进植物色素或脂质的氧化，特别是叶绿素易受光线照射而褪色，其中以紫外线的影响最为显著。

（5）异味。茶叶的吸附性特别强，不适宜放在味道浓烈的环境下储存，以免造成茶叶异味、杂味。

2. 茶叶储存方法

（1）古代储存法。茶叶对储存条件要求比较严苛，古人很重视茶叶的储存。茶叶不能受潮，受潮就会变质。茶叶还特别容易吸味、串味，导致茶味不纯。茶叶的主要产地是南方，而南方阴雨连绵的天气极易让茶叶受潮，一旦保存不当就意味着巨大的损失，所以茶叶的储存在古代是极大的学问。

宋代蔡襄在其著作《茶录》中专有“藏茶”一节，里面提道：“茶宜箬叶而畏香药，喜温燥而忌湿冷。故收藏之家，以箬叶封裹入焙中，两三日一次，用火常如人体温温，则御湿润。若火多，则茶焦不可食。”蔡襄提到茶怕与香药混合串味，所以要远离香药。而且茶忌湿冷，所以隔两三日就要将茶叶用箬叶包裹封入焙笼中，用温火焙之，使茶叶保持干燥。

明代罗廪在《茶解》中提道：“藏茶宜燥又宜凉，湿则味变而香失，热则味苦而色黄。蔡君谟云，‘茶喜温。’此语有疵。大都藏茶宜高楼，宜大瓮。包口用青箬。瓮宜覆，不宜仰，覆则诸气不入。晴燥天，以小瓶分贮用。又贮茶之器，必始终贮茶，不得移为他用。小瓶不宜多用青箬，箬气盛亦能夺茶香。”熊明遇根据他对茶性的进一步观察，提出茶适宜存放在阴凉干燥的条件下。他反对蔡襄的茶喜温一说，原因是明代流行炒青绿茶，它与团茶的加工工艺不同，炒青绿茶如果存放在温度偏高的地方会黄变。所以他总结前人的藏茶方法，认为藏茶要存于高处，大瓮倒扣在存茶罐上，防止潮气侵入。他还特别强调，存茶的器具只能用来存茶，不能作他用，而且存茶的小罐中不能用太多青箬叶，因为茶叶容易吸味，吸入杂味会影响茶的真香。

古人很早就认识到茶的特性，而且由于加工工艺和制茶方式不断变化，古人的藏茶方法也一直在改进，但总体思路都是要保持茶叶干燥，保证茶不和其他有味物质发生串味。这也是今天茶叶储存的主要注意事项。清代茶叶罐如图 3–6–1 所示。

图 3–6–1　清代茶叶罐

（2）现代储存方法。利用冰箱来储存茶叶是如今常用的方法。冰箱适合储存绿茶、黄茶、乌龙茶和红茶。绿茶在高温下容易黄变，对色、香、味产生非常不利的影响。所以利用冰箱来为绿茶保鲜是不错的选择。而黄茶、乌龙茶和红茶在冰箱低温干燥的环境中也能够较好地保持自身的品质特征。在实际应用中应该注意用锡纸袋将茶叶密封好，以避免和其他食物串味。有条件的情况下，最好准备一台专门储存茶叶的小型冰箱。

白茶、黑茶等茶类的储存并不需要借助冰箱，这些茶类需要在正常室温下与空气发生氧化作用，以促进其品质的转化。但是仍要处于干燥环境中，且避免与其他气味接触。

用茶叶罐来储存茶叶也是比较方便实用的方法。茶叶罐按材质分为铁罐、纸罐、瓷罐、陶罐、锡罐、玻璃罐等。罐装法在人们的日常生活中较为普遍，一般来说，金属材质的茶叶罐和陶瓷的茶叶罐防潮、防光、防异味效果比较好，玻璃材质的茶叶罐便于观察茶叶，但防光效果并不好。纸罐较为环保，但是防潮和防异味的效果不理想。用茶叶罐来储存茶叶基本可以满足日常储存茶叶的需求。但需要注意个别天气情况，比如南方的梅雨天气和夏天高温的环境，在这些环境下可以利用热水瓶来储存茶叶。首先准备一个干净、干燥的热水瓶，然后将拆封的茶叶倒入瓶内，最好能装满瓶子，不留空隙，最后用软木塞塞紧瓶口后存放。

现在还有专门储存茶叶的大型茶仓，这种茶仓可以通过升温、降温、加湿、除湿操作，实现室内温度和湿度的恒定，非常适宜大批量茶叶的存放。

二、茶叶产销概况

茶叶产销区域分为茶叶的产区和茶叶的销区。茶叶的产区是指茶树生长和茶叶制作的区域。茶叶的销区是指茶叶销售的区域，分自销（茶区销售）和外销两种，其中外销又分为国内内销和出口外销。

1. 世界茶叶产销概况

据统计，2018 年世界茶叶种植面积为 488 万公顷，比 2017 年增长 2%。其中，世界茶叶种植面积最大的是中国，为 303 万公顷，占世界茶叶种植面积的 62.1%；其次是印度，茶叶种植面积为 60.1 万公顷，占 12.3%；位居第三的是肯尼亚，种植面积为 23.4 万公顷，占 4.8%。

2018 年，世界茶叶产量达到 589.7 万吨，比 2017 年增长 3.5%。其中茶叶产量居世界第一的仍然是中国（261.6 万吨），第二是印度（133.9 万吨），第三是肯尼亚（49.3 万吨），中、印两国茶叶总产量达 395.5 万吨，占世界茶叶产量的 67.1%。

2018 年，世界茶叶消费总量最大的国家也是中国，达 211.9 万吨；居第二位的是印度，为 108.4 万吨；土耳其 24.6 万吨，巴基斯坦 19.2 万吨，俄罗斯 16.2 万吨，美国 12.0 万吨，英国 10.7 万吨，日本 10.6 万吨，印度尼西亚 10.3 万吨，埃及 9.4 万吨。

从人均消费量来看，2018 年世界人均茶叶消费量排在第一位的是土耳其，人均年消费茶叶 3.04 千克；第二位是叙利亚，人均年消费 2.8 千克；第三位是摩洛哥，人均年消费 2.04 千克。中国香港、中国大陆和中国台湾均排在人均消费量的前 15 位，其中中国香港排在第六位（人均年消费 1.52 千克），中国大陆排在第七位（人均年消费 1.48 千克），中国台湾排在第十一位（人均年消费 1.29 千克）。

2018 年，世界茶叶出口量排在第一位的是肯尼亚，达 47.5 万吨，占比 25.6%；第二是中国，为 36.5 万吨，占比 19.7%；第三是斯里兰卡，为 27.2 万吨，占比 14.7%。

2018 年，世界茶叶进口量排在第一位的是巴基斯坦，达 19.2 万吨，占比 11%；第二是俄罗斯，为 15.3 万吨；第三是美国，为 13.9 万吨；往后依次为英国 10.8 万吨，埃及 9.0 万吨，摩洛哥 8.2 万吨，伊朗 7.3 万吨，阿联酋 6.4 万吨，伊拉克 6.3 万吨。

亚洲产茶国家和地区有 22 个，分别是中国、印度、斯里兰卡、孟加拉国、印度尼西亚、日本、土耳其、伊朗、马来西亚、越南、老挝、柬埔寨、泰国、缅甸、巴基斯坦、尼泊尔、菲律宾、韩国、阿富汗、朝鲜、阿塞拜疆和格鲁吉亚。

非洲产茶国家和地区有 20 个，分别是肯尼亚、喀麦隆、布隆迪、刚果、南非、埃塞俄比亚、马里、几内亚、摩洛哥、阿尔及利亚、津巴布韦、留尼旺岛、埃及、马拉维、乌干达、莫桑比克、坦桑尼亚、毛里求斯、卢旺达和布基纳法索。

美洲产茶国家和地区有 12 个，分别是阿根廷、巴西、秘鲁、墨西哥、玻利维亚、哥伦比亚、危地马拉、厄瓜多尔、巴拉圭、圭亚那、牙买加和美国。

大洋洲产茶国家和地区有 4 个，分别是巴布亚新几内亚、斐济、澳大利亚和新西兰。

欧洲产茶国家和地区有 5 个，分别是葡萄牙、俄罗斯、乌克兰、意大利和英国。

2. 中国茶叶产销概况

中国的茶叶生产对世界茶叶生产影响巨大。中国茶叶种植面积、茶叶产量和茶叶消费量均为世界第一，茶叶出口量排名第二。

（1）中国茶园面积。数据显示，2018 年全国有 18 个主要产茶省（自治区、直辖市）产茶，茶园面积约 293 万公顷。其中，面积超 20 万公顷的省份有贵州、云南、四川、湖北和福建。

（2）中国茶叶产量。数据显示，2018 年全国干毛茶总量 261.6 万吨。产量排名前五位的省份是福建、云南、湖北、四川、湖南；增产逾万吨的省份有四个，分别是贵州、湖南、湖北、四川。2018 年，绿茶、黑茶、红茶、乌龙茶、白茶、黄茶产量分别为 172.2 万吨、31.9 万吨、26.2 万吨、27.2 万吨、3.4 万吨、0.8 万吨；除乌龙茶外，各茶类产量均有不同程度的增长。

截至 2018 年年底，中国茶叶内销总量约为 150 万吨，按人口总数平均计算，人均消费茶叶约 1.1 千克，处于世界中等水平。消费茶类最多的是绿茶，约占茶叶消费总量的 50%以上。

茶具知识

课程 4-1　茶具的发展和种类

一、茶具的历史演变

1. 器具共用时期

“茶具”在古代亦称“茶器”或“茗器”。茶具最早泛指一切与茶事相关的器具，包括茶叶在加工制造过程中用到的工具，如陆羽在《茶经・二之具》中就把采制茶叶的工具称为“茶具”。现代所说的茶具主要是指饮茶过程中所用到的器具，如茶壶、盖碗、公道杯、品茗杯、茶事配件等。茶具在茶事过程中，不仅是一套辅助工具，更是能为茶的品赏锦上添花的重要助力。现代有“水为茶之母，器为茶之父”的说法。明代许次纾在《茶疏》中也曾提道：“茶滋于水，水藉乎器，汤成于火，四者相须，缺一则废。”可见，一套适合的茶具在茶事过程中有着极其重要的作用。

我国饮茶历史悠久，自有茶叶开始，便有了最早的茶具。但最初并无专门的茶具，茶具是与酒具、食具共用的。随着茶叶的发展和普及，茶叶的利用方式、饮茶习俗都经历了诸多变化，与之相应的茶具也开始出现，其材质、种类、形态、工艺等都在不断地发生着变化。

饮茶器具的最早记载出现在西汉王褒的《僮约》中。《僮约》里提道：“烹茶尽具，已而盖藏。”从这里可以看出，西汉时期就已经有专门的茶事道具了。1990 年，浙江上虞出土了一批东汉时期的瓷器，其中有瓮、碗、杯、壶、盏等器具，许多考古学家认为这是世界上最早的专门茶具。但就整体而言，唐代以前，茶具的发展还处在早期阶段，茶具和其他用具的区分并不严格。

2. 茶具专用时期

唐代时，茶已经成为当时很普遍的一种饮料，饮茶习俗遍布全国。不仅如此，茶肆和茶寮也广泛出现。这些都带动了专用茶具的形成与发展。也正是在唐代，茶具彻底独立出来，成为饮茶专用的器具。不仅如此，随着茶事活动的兴起，还发展出不同功能的茶具类型。

唐代陆羽在《茶经》中就曾列举诸多煮茶和饮茶所专用的器具，数量多达二十余种，涵盖了煮水、藏茶、碾茶、烤茶、贮水、煮茶、调味、收纳等功能。陆羽将制茶过程中所用的工具称为茶具，煮水烹茶所用的器具称为茶器，以区别它们的用途。

宋代摈弃了“以锅烹茶”的煎茶法，改用“一人一杯，一杯一点”的点茶法，而且点茶时也不再需要进行调味，所以茶具的使用也发生了巨大的变化。

从饮茶器具来看，唐代陆羽认为，浙江地区出产的青瓷是饮茶的最好搭档。《茶经》提道：“越州瓷、岳瓷皆青，青则益茶，茶作白红之色。邢州瓷白，茶色红；寿州瓷黄，茶色紫；洪州瓷褐，茶色黑；悉不宜茶。”陆羽推崇青瓷的原因也很简单，因为煎茶的成品是白红之色，而青瓷能更好地衬出茶色。邢州（今河北邢台一带）白瓷会使茶色偏红，寿州（今安徽寿县一带）黄瓷会使茶色偏紫，洪州（今江西南昌一带）褐瓷会使茶色偏黑。只有越州（今浙江绍兴一带）、岳州（今湖南岳阳一带）的青瓷能够准确地呈现茶汤本来的面貌。而且浙江地区出产的青瓷品质极高，如玉似冰，这也是陆羽认为其更宜茶的主要原因。

1987 年，陕西扶风法门寺出土了一批唐代唐僖宗李儇御用的金银茶器，其中有“茶槽子、碾子、茶罗子、匙子一副七事，共八十两”。除此之外，还有盐台、笼子、茶碗、茶托等茶器。这些茶器体现了唐代茶文化的兴盛，也向世人展示了唐代茶具作为专门用具的地位。唐至五代秘色瓷盏与盏托如图 4–1–1 所示，唐代摩羯纹蕾钮三足架银盐台如图 4–1–2 所示。

图 4–1–1　唐至五代秘色瓷盏与盏托

图 4–1–2　唐代摩羯纹蕾钮三足架银盐台

宋代盛行斗茶，因为斗茶需要分胜负，而茶色又是评定胜负的关键，为了更好地观察汤色，建阳地区所产的黑瓷盏“建盏”开始流行起来。蔡襄《茶录》中提道：“茶色白，宜黑盏。建安所造者绀黑，纹如兔毫，其坯微厚，熁之久热难冷，最为要用。出他处者，或薄或色紫，皆不及也。其青白盏，斗试家自不用。”蔡襄认为建盏好用之处有两点：第一，因为改煎茶为点茶，操作环节从锅移至盏中，在盏中操作需要炙盏，也就是烫盏，建盏厚，烫盏后不容易凉掉；第二，建盏是黑瓷，能够更好地观察茶汤。除了建阳地区产的建盏以外，江西吉州窑所产的黑瓷盏也颇受宋人喜爱。而陆羽所推崇的青、白瓷，则被当时的斗茶人弃之不用。宋代建阳窑黑釉盏如图 4–1–3 所示。

图 4–1–3　宋代建阳窑黑釉盏

宋徽宗赵佶也是一位狂热的斗茶爱好者，他在《大观茶论》里提到宋代斗茶常用的茶具主要有罗碾、盏、筅、瓶和杓。其中汤瓶和茶筅是宋代点茶特有的茶具。汤瓶是点茶时用来注水的，而茶筅则是在注水时用来击拂茶末，使之出沫的。宋代所用的茶具远不止这几种，南宋审安老人在《茶具图赞》中所赞颂的茶具有 12 种。南宋审安老人《茶具图赞》汤提点如图 4–1–4 所示。相比唐代而言，宋代茶具质地更为讲究，制作更加精细。

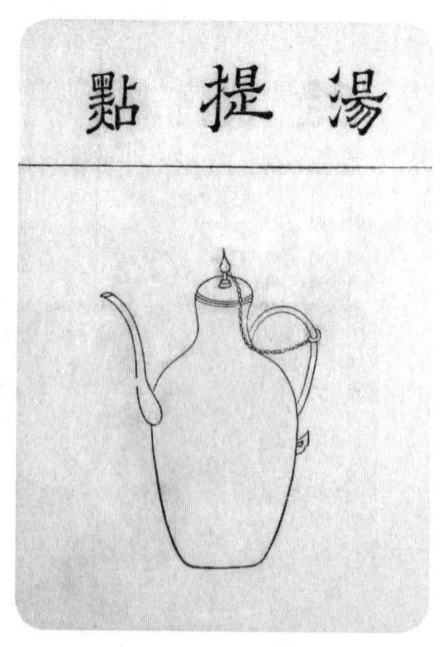

图 4–1–4　南宋审安老人《茶具图赞》汤提点

元代，虽然官方进贡依然是以承袭宋代的北苑贡茶为主，但在民间，条形散茶开始兴起，也流行一种直接将散茶用沸水冲泡饮用的方法，与此相应的是宋代用来注水的汤瓶被改造成更加鼓腹的茶壶。元代是上承唐、宋，下启明、清的一个过渡时期。

明代，散茶开始登上历史舞台，饮茶器具也随之改变。由于散茶饮用方便，只需投入茶盏用沸水冲泡即可，所以唐宋时期那些烦琐复杂的茶具也遭到人们弃用。到了明代中晚期，很多人甚至不知道宋人提到的茶筅是什么东西。明代饮茶器具中最突出的就是紫砂壶。紫砂壶的出现是因为当时人们对茶器材质的审美发生了转变。明代朱权在其著作《茶谱》中提道："瓶要小者易候汤，又点茶注汤有准。"明代早期这种崇尚自然性灵的审美也影响了后面茶叶及茶具的发展。万历年间，由供春、时大彬为代表的一批出色的制壶匠人更是将紫砂壶的地位从茶事道具提高到文房清供必备之物。此后，紫砂壶名家辈出，明末清初的惠孟臣，清代的陈鸣远，当代的顾景洲、蒋蓉等都是制壶大家。与此同时，江西景德镇地区为明代御窑厂，专为皇室烧造各类用瓷，其烧制的青花瓷茶具和斗彩茶具也为当时名品。明代景德镇青花瓷茶叶罐如图 4-1-5 所示。

图 4-1-5　明代景德镇青花瓷茶叶罐

3. 茶具多样时期

清代，饮用法基本沿用明代的直接冲泡法。与明代相比，清代较为流行盖碗。康熙时期，还流行一种品茗杯，因其底部有款"若深珍藏"而得名若深杯。史学家连横《茗谈》中写道："茗必武夷，壶必孟臣，杯必若深，三者为品茶之要，非此不足自豪，且不足待客。"他认为武夷茶配上孟臣壶和若深杯才是待客之道。除此之外，清代时各种材质的茶具也开始出现，如福州的脱胎漆茶具、四川的竹编茶具、海南的生物（椰子、贝壳等）茶具等。这些茶具自成一体、异彩纷呈，形成了这一时期茶具的新特色。

现代饮茶器具，不但种类和品种繁多，而且质地和形状多样，陶、瓷、玻璃、金属、竹、木、搪瓷、石、金、银、玛瑙、水晶、贝壳、纸质等茶具应有尽有。其中以紫砂茶具、玻璃茶具和瓷器茶具的使用最为普遍。

二、茶具的种类及产地

我国地域广阔，民族众多，各地居民饮茶习俗不同，所用茶具也各有特色。人们最常使用的茶具有茶壶、茶杯、茶碗、茶盏、杯托、托盘等，它们质地迥异，形式复杂，花色丰富，烧制方法各异。

1. 瓷器茶具及其产地

瓷器是一种由瓷石、高岭土、石英石、莫来石等组成，外表施有玻璃质釉或彩绘的物器。瓷器茶具的种类主要有青瓷茶具、白瓷茶具、黑瓷茶具和彩瓷茶具。

（1）青瓷茶具。青瓷茶具始于晋代，唐代陆羽论茶器首推浙江地区生产的青瓷。我国唐代越窑，宋代龙泉窑、官窑、汝窑、耀州窑都属青瓷窑系。如今，浙江、福建、江苏、江西、安徽、湖北、河南、河北等地均有青瓷茶具生产，其中较为著名的有浙江龙泉的龙泉窑、河南汝州的汝窑等。宋代官窑青釉盏托如图 4–1–6 所示。

（2）白瓷茶具。白瓷茶具色泽洁白，能反映出茶汤颜色，传热、保温性能适中，加之造型各异，堪称珍品。唐朝白居易曾作诗盛赞四川大邑生产的白瓷茶碗。元代，江西景德镇白瓷茶具已远销国外。如今，河北、江西、福建、山东、广东、湖南等地均有白瓷茶具生产，其中以河北唐山、江西景德镇、福建泉州等地生产的白瓷茶具较为著名。唐代邢窑白釉壶如图 4–1–7 所示。

图 4–1–6　宋代官窑青釉盏托

图 4–1–7　唐代邢窑白釉壶

（3）黑瓷茶具。宋代流行斗茶，又因斗茶茶色贵白，所以宜用黑瓷茶具来展现。黑瓷茶盏，以福建建阳的建安窑、江西吉安的吉州窑所产最为著名。宋代吉州窑黑釉剪纸贴花三凤纹碗如图 4–1–8 所示。

（4）彩瓷茶具。彩瓷茶具的品种、花色很多，其中尤以青花瓷、斗彩瓷茶具最引人注目。青花瓷茶具，直到元代中后期才开始成批生产；明代成化年间，斗彩瓷的发展到了巅峰，其代表为“成化斗彩鸡缸杯”，《神宗实录》记载：“神宗时尚食，御前有成化彩鸡缸杯一双，值钱十万。”青花瓷和斗彩瓷最著名的产地是江西景德镇。明成化斗彩灵云纹杯如图 4–1–9 所示。

图 4–1–8　宋代吉州窑黑釉剪纸贴花三凤纹碗

图 4–1–9　明成化斗彩灵云纹杯

2. 陶器茶具及其产地

陶土器具是新石器时期的重要发明，距今已有 12 000 多年的历史，最初是粗糙的土陶，随后逐渐演变成比较坚实的硬陶和釉陶。

（1）陶器茶具中的佼佼者首推紫砂壶。紫砂壶的制作原料为紫砂泥，原产地在江苏宜兴丁蜀镇。明代中晚期紫砂壶大为流行，清代吴骞在《桃溪客语》中记载：“阳羡瓷壶自明季始盛，上者与金玉等价。”由此可见紫砂壶的珍贵。

（2）广西钦州坭兴陶，简称坭兴陶，是以广西钦州市钦江东西两岸特有紫红陶土为原料制成的。将东泥封闭存放，西泥取回后经过 4 ~ 6 个月的日照、雨淋，使其碎散、溶解、氧化，达到风化状态，再经过碎土，将东、西泥按 4 : 6 的比例混合，制成陶器坯料。用这种方法制成的茶具细腻润滑，手感如玉。

（3）云南建水五彩陶，又名建水紫陶，建水紫陶始于清代道光年间。在建水陶瓷的发展史上，曾有“宋有青瓷、元有青花、明有粗陶、清有紫陶”之说。

（4）荣昌陶，原产重庆市荣昌区安富镇。荣昌陶发展于明清时期，其成品素有“薄如纸、亮如镜、声如磬”的美称。

（5）广东潮州的朱泥手拉壶也是陶器茶具中的名品。制作朱泥壶的朱泥俗称“红泥”，属天然矿料。原土氧化铁含量极高，呈土黄色，烧制后转为红色。潮州地区饮茶风俗浓重，潮州朱泥手拉壶更是潮州工夫茶的好搭档。

3. 其他茶具及其产地

（1）玻璃茶具（见图 4–1–10）。玻璃，古人称之为流璃或琉璃，是一种有色半透明的矿物质。1987 年，陕西扶风法门寺地宫出土的唐僖宗供奉的素面圈足淡黄色琉璃茶盏和素面淡黄色琉璃茶托，是目前发现最早的琉璃茶具。元明时期，规模较大的琉璃作坊在山东、新疆等地出现。清康熙时，北京还开设有宫廷琉璃厂。

（2）金属茶具。金属茶具是指由金、银、铜、铁、锡等金属材料制作而成的器具，是中国最早饮茶器具类型之一。到隋唐时，金银器具的制作达到高峰。陕西扶风法门寺出土的一套唐僖宗供奉的金银茶具，是金属茶具中罕见的稀世珍宝。明代以后，金属制作的茶具逐渐被陶瓷茶具所替代。但是金属制作的储茶器因具有良好的密闭性，能够更好地防潮、避光，所以一直被使用。清代银杯如图 4–1–11 所示。

图 4–1–10　玻璃茶具

图 4–1–11　清代银杯

（3）漆器茶具。漆器是采割天然漆树液汁进行炼制，掺进所需色料，制成的绚丽夺目的器件。漆器茶具盛于清代，主产于福建福州，故称“双福”茶具。福州所产漆器茶具多姿多彩，有宝砂闪光、金丝玛瑙、釉变金丝、仿古瓷、赤金砂等名贵品种。紫砂胎漆器，宜兴窑时大彬款紫砂胎剔红山水人物图执壶如图 4–1–12 所示。

（4）竹木茶具。竹木茶具原料来源广，制作方便。我国绝大多数地区均有生产。竹质茶筅如图 4–1–13 所示。

除了上述常见茶具外，还有用玉石、水晶、玛瑙以及各种珍稀原料制成的茶具。在我国台湾地区，用木纹石、龟甲石、尼山石、端石等制成的石茶壶很受欢迎，但这些茶具一般仅用于观赏和收藏，在实际泡茶时很少使用。

图 4-1-12　宜兴窑时大彬款紫砂胎剔红山水人物图执壶

图 4-1-13　竹质茶筅

课程 4-2　各类茶具特色

一、瓷器茶具的特色

瓷器茶具采用瓷土（高岭土）作为胎料，含铁量一般在 3% 以下，比陶土的含铁量低。其烧成温度比陶土高，约为 1 200 摄氏度。瓷器胎体坚固密致，断面基本不吸水，敲击时有清脆的声音。瓷器茶具因材质的原因不会串味，任何茶都可以冲泡。

（1）青瓷。唐代陆羽认为，青瓷茶具最宜茶，尤其是浙江地区越窑生产的青瓷，如冰类玉，更是青瓷中的上等佳品。青瓷茶具质地细腻，造型端庄，釉色青莹，纹样雅丽，尤其适合冲泡绿茶。绿茶的汤色偏绿，与青瓷颜色相得益彰。现代汝窑品茗杯如图 4-2-1 所示，青瓷盖碗如图 4-2-2 所示。

图 4-2-1　现代汝窑品茗杯

图 4-2-2　青瓷盖碗

（2）白瓷。白瓷茶具色泽洁白，晶莹剔透，能够准确地反映出茶叶、茶汤色泽，是如今使用最多的瓷器茶具之一。早在唐代，河北邢窑生产的白瓷器具已“天下无贵贱通用之”。白瓷茶具造型精巧，装饰典雅，又因其适合各种茶类，所以广受消费者的喜爱。白瓷品茗杯如图 4-2-3 所示。

图 4-2-3　白瓷品茗杯

（3）黑瓷。黑瓷茶具始于晚唐，鼎盛于宋代。因宋代流行斗茶，这为黑瓷茶具的崛起创造了条件。宋代斗茶汤色贵白，白汤黑盏，一望便知。另外，黑瓷胎质较厚，热后难冷，也适合点茶过程。黑瓷茶具胎沉质厚，烧制工艺独特，釉面常呈现兔毫条纹、鹧鸪斑点、日曜斑点等，令人炫目。宋代建窑黑釉兔毫盏如图 4-2-4 所示，建盏如图 4-2-5 所示。

图 4-2-4　宋代建窑黑釉兔毫盏

图 4-2-5　建盏

（4）彩瓷。彩瓷亦称彩绘瓷，彩瓷技法多样，有釉下彩、釉上彩及釉中彩、青花、新彩、粉彩、珐琅彩等。因此彩瓷茶具丰富多样，色彩多变，极具观赏价值。彩瓷盖碗如图 4-2-6 所示。

图 4-2-6　彩瓷盖碗

二、陶器茶具的特色

陶器茶具是用黏土烧制的饮茶用具，可再分为泥质和夹砂两大类。由于黏土所含各种金属氧化物的百分比不同，以及烧制环境与条件的差异，陶器茶具可呈红、褐、黑、白、灰、青、黄等不同颜色。晋代杜育的《荈赋》中有“器择陶简，出自东隅”的记载，首次提及陶器茶具。到了唐代，经过陆羽倡导，茶具逐渐从酒食器具中分离出来，形成独立的系统。北宋时，江苏宜兴采用紫泥烧制成紫砂陶器，使陶器茶具的发展走向巅峰，成为中国茶具的主要品种之一。

陶器中的佼佼者首推宜兴紫砂茶具。紫砂茶具早在北宋初期就已崛起，成为独树一帜的优秀茶具，明代时大为流行。紫砂壶和一般的陶器不同，其里外都不敷釉，采用当地的紫泥、红泥、团山泥抟制焙烧而成。由于成陶火温高，烧结密致，胎质细腻，既不渗漏，又有肉眼看不见的气孔，经久使用，还能汲附茶汁、蕴蓄茶味。若热天盛茶，还不易酸馊。同时，紫砂陶具传热较慢，不致烫手。即使冷热剧变，也不会破裂。如有必要，甚至还可直接放在炉灶上煨炖。紫砂茶具还具有造型简练大方、色调淳朴古雅的特点，外形有似竹结、莲藕、松段的，也有仿商周古铜器形状的。明代文震亨在《长物志》中记载："壶以砂者为上，盖既不夺香，又无熟汤气。"紫砂壶茶具还是文人墨客案头清供的选择，明清时许多著名文人都参与了紫砂壶的制作和题画，如董其昌、郑板桥、陈鸿寿、陈继儒等。其中首举清代金石书画家陈鸿寿，是他推动了在紫砂茶壶上题铭画刻之法，极大地提高了紫砂陶具的艺术和文化品位，将这种实用手工艺品演化成具有很高欣赏价值的实用艺术品。文人参与紫砂壶的制作，对紫砂陶具的发展产生了极大的推进作用。不少文人在定做紫砂壶或提供图样后，不仅提出自己的意见，甚至还亲自监制。他们的喜好意趣对制壶工匠潜移默化，提高了工匠的审美和鉴赏水平，特别是有一定文化水平的工匠受到文人的启发，在创作上展现出新貌。文人与工匠的交往协作，产生了一种商品化的紫砂文化。文人设计或文人和工匠一起制作的紫砂壶的出现和流行，对世俗产生了很大的影响。具有文化色彩的商品茶壶大量面市，进一步推动了紫砂壶艺的发展，并使这种实用工艺品跃上了更高的台阶。

在紫砂壶发展历史中，许多知名人物都做出过重大贡献，作为茶艺师，应当了解以下几位壶艺家及其作品特色。

（1）供（龚）春（1506—1566 年）。供春是明代官吏吴仕（号颐山）的书童，吴仕在宜兴东南的金沙寺读书时，供春跟着寺里一位善于制壶的僧人学做壶。后来供春自己设计制作了一种"树瘤壶"，据说是仿造寺里一棵白果（银杏）树上的树瘤制成的，树瘤壶形状古朴、生动逼真，广受好评。自此，供春开始专心制壶，后来成了制壶名家。明代文震亨所著《长物志》在"茶壶茶盏"条中就指出紫砂壶以"供春最贵"。供春是紫砂壶历史上第一个留下名字的壶艺家。供春壶如图 4–2–7 所示。

图 4–2–7　供春壶

（2）时大彬（1573—1648 年）。时大彬，号少山，制壶技艺学自其父时朋。他是供春之后影响最大的壶艺家。时大彬最早成名是从仿制供春壶开始的，后受当时文人饮茶风气的影响改制小壶，终成制壶大家。时大彬制壶极其用功，对制壶过程中的泥料配制、成形技法、造型设计、铭刻等方面均有深入研究，且成就卓著。明末清初散文家陈贞慧在《秋园杂佩》“时大彬壶”一段写道：“时壶名远甚，即遐陬绝域犹知之。其制始于供春壶，式古朴风雅，茗具中得幽野之趣者。”明代宜兴时大彬制紫砂壶如图 4–2–8 所示。

图 4–2–8　明代宜兴时大彬制紫砂壶

（3）惠孟臣（1598—1684 年）。惠孟臣，江苏宜兴人。他制壶技艺出众，独树一帜，泥质朱紫者多，白泥者少；以制小壶著称于世，传世作品也是小壶多、中壶少、大壶罕见。他的作品大壶浑朴、小壶精妙；形制有圆有扁，也有束腰平底者。后人把其作品称为“孟臣罐”，为工夫茶饮场合不可缺少的“四宝”之一。

（4）陈鸣远（1651—1722 年）。陈鸣远，号壶隐、鹤峰、石霞山人，江苏宜兴人。陈鸣远是时大彬之后影响最大的制壶大师。陈鸣远好与文人相交。他的作品受文人风气影响，构思脱俗，调色巧妙，雕镂兼长，善翻新样，富有独创精神。他不仅善于制壶，也善制杯、瓶、盒等雅玩，被称为紫砂壶史上技艺最为全面精熟的大师。其代表作品有南瓜壶、莲形银配壶、束柴三友壶等。

（5）杨彭年（1796—1850 年）。杨彭年是清代嘉庆年间制壶名家，其壶随意天成，有天然风致。其与陈鸿寿合作创作的“曼生壶”，壶面镌刻书画铭款，开创了紫砂壶造型与书法、绘画、诗文、篆刻相结合的创作手法，将紫砂壶艺提高到了一个新的境地。宜兴窑杨彭年款紫砂飞鸿延年壶如图 4–2–9 所示。

图 4–2–9　宜兴窑杨彭年款紫砂飞鸿延年壶

（6）陈鸿寿（1768—1822 年）。陈鸿寿，号曼生，浙江杭州人，是清代著名书法家、画家、篆刻家和诗人，在与宜兴县紧邻的溧阳县担任县令。他尤其喜爱紫砂，曾“自出新意，仿造古式”手绘十八壶式，请杨彭年兄妹按式制作，所制壶底多钤“阿曼陀室”铭款，壶把下有“彭年”印章。他们合作的茗壶被称为“曼生壶”。陈鸿寿虽然不是制壶人，但他开创了将紫砂茗壶与诗书画印艺术相结合的风气，对紫砂壶的发展以及紫砂文化的提升，都做出了巨大的贡献。宜兴窑“阿曼陀室”款紫砂描金山水纹茶壶如图 4–2–10 所示。

（7）邵大亨（1796—1861 年）。邵大亨，江苏宜兴人，清代道光年间宜兴制壶名家。他特别擅长制作几何形壶，作品多浑厚庄重、气势宏伟。所制鱼化龙壶，以龙头作壶盖上的纽，举壶斟茶时，龙头及龙舌会向前伸出，堪称邵壶之绝。邵大亨制壶构思巧妙，工艺精美，尤其线条饱满流畅，个人特色鲜明。

（8）顾景舟（1915—1996 年）。顾景舟，原名景洲，号曼晞、瘦萍、武陵逸人、荆南山樵、壶叟等，江苏宜兴人，为现代最著名的紫砂壶大师。他是一位学者型的陶艺家，不仅制壶技艺突出，对书法绘画、金石篆刻等方面均有不俗的认知。他的作品有其独特的艺术风格，造型雄健严谨，线条流畅和谐，品格古朴高雅而深意无穷，散发出浓郁的东方艺术特色。他对紫砂历史的研究，传器的断代与鉴赏都有独到的见解，是近代紫砂陶艺人中最杰出的一位代表，被誉为“壶艺泰斗”“一代宗师”。他的代表作品有僧帽壶、汉云壶、三羊喜壶、汉铎壶等。顾景舟僧帽壶如图 4–2–11 所示。

图 4–2–10　宜兴窑“阿曼陀室”款紫砂描金山水纹茶壶

图 4–2–11　顾景舟僧帽壶

三、其他茶具的特色

1. 玻璃茶具

玻璃，古人称之为流璃或琉璃，一般是将含石英的砂子、石灰石、纯碱等混合后，在高温下熔化、成形，再经冷却后制成。玻璃质地透明，可塑性大，用它制成的茶具，形态各异，用途广泛，价格低廉，购买方便，深受茶人的好评。

玻璃茶具（见图 4-2-12）比较适合冲泡各种细嫩名优茶。绿茶、黄茶的名优茶大多为芽茶或小茶，因此，玻璃茶具尤其适合冲泡绿茶和黄茶。用玻璃茶具冲泡名优茶，如黄山毛峰、太平猴魁、君山银针、蒙顶黄芽等，杯中轻雾缥缈，澄清黄亮，茶芽朵朵，亭亭玉立，或旗枪交错、上下沉浮，饮之沁人心脾，观之赏心悦目，别有风趣，充分发挥了玻璃器具透明的优越性。

玻璃具有无毛细孔的特性，所以玻璃茶具不会吸取茶的味道，品饮者可以品尝到百分之百的茶之原味，且容易清洗，味道不残留。

图 4-2-12　玻璃茶具

2. 金属茶具

金属茶具即由金、银、铜、铁、锡等金属材料制成的茶具。金属器具是中国最古老的日用器具之一，早在 3 000 多年前的商代，青铜器就得到了广泛的应用。

南北朝时期，中国出现了金属茶具。唐代，金属茶具的制作工艺达到巅峰。20 世纪 80 年代，陕西扶风法门寺出土了一套唐僖宗时期的镏金茶具，做工极其精美，堪称金属茶具中的稀世珍宝。

宋代，金属茶具开始衰落。元明之后，随着茶类的创新，加上饮茶方法的改变，金属茶具逐渐消失。行家认为，金属茶具会使“茶味走样”，因此少有人用。现代以来，常见金属茶具一般为烧水与储茶器具，尤其是锡质储茶器更受推崇。此外，在西南地区和内蒙古等边疆地区，至今仍流行铜质大茶壶。金属煮水壶如图 4-2-13 所示。

图 4-2-13　金属煮水壶

3. 漆器茶具

传统漆器的涂料又称为大漆，采自 8～13 年的成熟漆树，获取主要成分为漆油的树液酿制加工而成。这类涂料有着非同一般的特性，干燥后可形成一层保护膜，黏着力很强，且具有坚硬、防水、耐热等特点。这种天然漆有抗菌的特效，非常适合制成茶具。漆器茶具色彩多样，美轮美奂，是一种极具观赏价值的茶具。民国春光怡茶庄漆木茶盒如图 4-2-14 所示。

图 4-2-14　民国春光怡茶庄漆木茶盒

4. 竹编茶具

清代，四川出现了一种竹编茶具，它由内胎和外套组成，内胎多为陶瓷类饮茶器具，外套用精选的慈竹，经劈、启、揉、匀等多道工序，制成粗细如发的柔软竹丝，经烤色、染色，再按茶具内胎形状、大小编织嵌合，使之成为整体如一的茶具。

竹编茶具不但色调和谐、美观大方，而且能保护内胎，减少茶具损坏，泡茶后不易烫手。竹编茶具既是一件工艺品，又富有实用价值。

品茗用水知识

课程 5-1 品茗与用水的关系

一、水的软硬度与茶的关系

一杯好茶，需要通过水来呈现，所以人们称“水为茶之母”。从古至今，但凡提到茶事，总是将茶与水联系在一起。水质的好坏往往直接影响茶的呈现，因此泡茶的水质十分重要，如果水质不好，就会影响人们对于茶叶色、香、味的判断。有好茶，无好水，则难得真味。好水不仅能够准确地表达茶叶的色、香、味，更能提升茶叶的品质。

现代研究证明，泡茶用水有软水和硬水之分。在选择泡茶用水时，要对水的软硬度与茶汤品质的关系进行了解。不同的水质对茶汤有不同的影响，其中两个重要因素是水的软硬度和 pH 值。

1. 硬水

每升水中钙、镁离子的含量大于 8 毫克，称为硬水。硬水包括泉水、江河水、溪水、自来水和一些地下水。用硬水泡茶，茶汤发暗，滋味发涩。这是因为硬水中含有大量矿物质，使茶叶有效成分的溶解度降低，导致茶味偏淡，而且水中的一些矿物质与茶发生作用，也会对茶产生不良影响。水的硬度还会影响茶汤的酸碱度，进而影响茶汤的颜色与滋味。

（1）暂时硬水。暂时硬水的硬度是由碳酸氢钙与碳酸氢镁引起的，煮沸后可被去除，这种水称为暂时硬水。实践证明，用暂时硬水泡茶有损茶汤的滋味。但在饮用水条件有限的环境中，只要将水静置一段时间或者煮沸后再来泡茶，同样也能冲泡出一杯相对好喝的茶汤。

（2）永久硬水。永久硬水是指即使经过煮沸处理也不能软化的水。永久硬水中的钙、镁、铁等离子与硫酸根离子及氯离子共存，生成溶解性盐从而不能沉淀分离。永久硬水不宜用来泡茶。

2. 软水

每升水中钙、镁离子的含量小于8毫克，称为软水。用软水泡茶，可使茶汤明亮，滋味鲜爽，所以软水适宜泡茶。软水中所含的溶解物质少，茶中的有效成分能迅速溶出，且溶解度高，因此茶味浓厚。

目前，泡茶常用的软水是经过人工处理的蒸馏水和纯净水，这些水加工成本较高，价格较贵，因而切实可行的办法是将暂时硬水加工成软水。例如，将自来水静置煮沸后饮用的办法费用不高，效果颇佳，操作起来也方便可行，是一般大众首选的软化水处理方法。

二、水温与茶的关系

茶的种类不同，适合的水温便不同。古人对水温的把握十分讲究。陆羽在《茶经》中提到烹茶时对水温的要求是“其沸，如鱼目，微有声，为一沸；缘边如涌泉连珠，为二沸；腾波鼓浪，为三沸，已上水老，不可食也”。陆羽认为水初沸如鱼目微有声时是煮茶开始之际，到二沸边缘水泡如连珠般涌出时便要投茶，如果等到三沸也就是水彻底沸腾时再煮茶，此时的水已经“老”了，不再适合煮茶。所以唐代陆羽的煎茶法水温要控制在75～85摄氏度。

宋代流行点茶法。宋代蔡襄在《茶录》中说：“候汤最难，未熟则沫浮，过熟则茶沉，前世谓之‘蟹眼’者，过熟汤也，沉瓶中，煮之不可辩，故曰候汤最难。”蔡襄认为，前人所说的“蟹眼”状态时的水已经偏老，而且宋代点茶用汤瓶，不能观察汤瓶中水的状态，所以他认为掌握水温是一件很难的事情。由此也能看出，宋代点茶，水温也不能太高，应控制在80～90摄氏度。

明代以后流行散茶冲泡法，对水温的要求进一步提高。明代许次纾在《茶疏》中说道：“水一入铫，便须急煮。候有松声，即去盖，以消息其老嫩。蟹眼之后，水有微涛，是为当时。大涛鼎沸，旋至无声，是为过时。过则汤老而香散，决不堪用。”许次纾同样认为泡茶水温不宜过高，他认为水在蟹眼状态以后有微涛时用来泡茶最好。相比宋代的点茶，明代对水温的要求已经稍微高了一点。主要是因为当时的茶叶多为炒青散茶，需要温度更高的水来激发香气，但是滚沸的水又容易破坏炒青绿茶细嫩的芽头，所以水温控制在85～95摄氏度为好。而且许次纾还点明泡茶烧水应该用武火急煮，不能用文火慢煮，更不能将水煮老。

水若久沸，水中的氧气和二氧化碳便挥发殆尽，使茶汤的鲜爽度大打折扣。如果水温太低，茶叶中的有效成分则不能全部析出，特别是一些高沸点的芳香类物质，因此用水温低的水泡茶，茶叶的色、香、味都会受到很大影响。

一般来说，泡茶的水温与茶叶中有效物质在水中的溶解度呈正比，水温越高，茶叶中的内含物析出越快，茶汤就越浓；反之，水温越低，析出速度越慢，茶汤就越淡。由茶类分析，名优绿茶的特点是鲜爽，高温的水容易破坏其鲜爽的口感，增加苦涩味；而乌龙茶经过复杂的加工工艺，苦涩物质比例较小，高沸点的芳香类物质和可溶性糖的含量增加，需要以沸水来激发。所以，在选择泡茶用水的水温时，应当根据茶类的特色来选择，不能一概而论。

课程 5-2　品茗用水的分类与选择方法

一、品茗用水的分类

1. 天水

古人称用于泡茶的雨水和雪水为天水，也称天泉。用这些天然水泡茶应该注意水源、环境、气候等因素。

（1）雨水。雨水是比较纯净的水，虽然雨水在降落过程中会融入尘埃、二氧化碳等物质，但其含盐量和硬度都很小，所以自古以来人们就爱收集雨水用来饮用、制药和煮茶。《红楼梦》中就有用雨水来制药和煮茶的例子。如今在收集雨水加以饮用时，应当谨慎选择。古代没有工业，雨水较少受到污染，但当代工业发展迅速，大气污染较重，雨水在降落过程中容易沾染污染物，所以使用雨水应当谨慎。空气质量较好、污染较少时下的雨水，比较适合收集利用。

（2）雪水。雪水历来受到古代文人和茶人的喜爱。唐代白居易《晚起》诗中有“融雪煎香茗”，元代谢宗可《雪煎茶》中的“夜扫寒英煮绿尘”，清代曹雪芹《红楼梦》中“扫将新雪及时烹”等，都是描述用雪水烹茶的。乾隆皇帝也对雪水情有独钟，“遇佳雪，必收取，以松实、梅英、佛手烹茶，谓之三清”。

（3）露水、霜水。露水和霜水都是地面的水汽在夜晚或清晨遇冷发生凝结现象形成的。古人认为露水有养生保健的作用。《本草纲目·水部》就记载了露水的多种药用功效。“秋露繁时，以盘收取，煎如饴，令人延年不饥。”“百草头上秋露，未晞时收取，愈百疾，止消渴，令人身轻不饥，肌肉悦泽。”尤其是花草上的露水、霜水，更是茶的绝佳伴侣。

2. 地水

在自然界，山泉、江、河、湖、井水统称为地水。

（1）泉水。陆羽在《茶经》中提道：“其水，用山水上，江水中，井水下。其山水，拣乳泉，石池慢流者上。”泉水水源多出自山岩壑谷，或潜埋地层深处，流出地面的泉水，经多次渗透过滤，水质一般比较稳定，所以有“泉从石出情宜冽”之说。古人尤其钟爱名泉佳茗的组合，如宋代戴昺《赏茶》诗曰：“自汲香泉带落花，漫烧石鼎试新茶。”

（2）江、河、湖水。江、河、湖水均为地面水，所含矿物质不多，通常有较多杂质，混浊度大，受污染严重，情况较为复杂，所以江、河、湖水一般不是理想的泡茶用水。但我国地域广阔，有些未被污染的江、河、湖水也被古人用来煮茶。古语有“扬子江心水，蒙山顶上茶”之说。宋代诗人杨万里曾写诗描绘船家用江水泡茶的情景，诗云：“江湖便是老生涯，佳处何妨且泊家。自汲松江桥下水，垂虹亭上试新茶。”明代许次纾在《茶疏》中说：“黄河之水，来自天上，浊者土色也，澄之既净，香味自发。”说明有些江河之水，尽管混浊度高，但澄清之后仍可饮用。通常靠近城镇之处，江河水易受污染。《茶经》中提道：“其江水，取去人远者。”也就是到远离人烟的地方去取江水。如今环境污染较为严重，因此取用江、河、湖水时需要经过净化处理后方可饮用。

（3）井水。井水属地下水，是否适宜泡茶不可一概而论。有些井水水质甘美，是泡茶好水，如北京故宫博物院文华殿东的“大庖井”，曾经是皇宫里的重要饮水来源。但一般来说，浅层地下水易被污染，水质较差，所以深井比浅井好。此外，城市里的井水受污染多，多咸味，一般不宜泡茶；农村井水受污染少，水质好，适宜饮用。

（4）名泉。中国历代文人为名泉好水做出了判定，为后人对泡茶用水的研究提供了非常丰富的历史资料。

张又新在《煎茶水记》书中提到刘伯刍所品七水：“扬子江南零水第一；无锡惠山寺石泉水第二；苏州虎丘寺石泉水第三；丹阳县观音寺水第四；扬州大明寺水第五；吴松江水第六；淮水最下，第七。”

《煎茶水记》书中还提到陆羽所品二十水："庐山康王谷谷帘泉第一；无锡县惠山寺石泉水第二；蕲州兰溪石下水第三；峡州扇子山下有石突然，泄水独清冷，状如龟形，俗云虾蟆口水，第四；苏州虎丘寺石泉水第五；庐山招贤寺下方桥潭水第六；扬子江南零水第七；洪州西山西东瀑布水第八；唐州柏岩县淮水源第九，淮水亦佳；庐州龙池山岭水第十；丹阳县观音寺水第十一；扬州大明寺水第十二；汉江金州上游中零水第十三，水苦；归州玉虚洞下香溪水第十四；商州武关西洛水第十五，未尝泥；吴松江水第十六；天台山西南峰千丈瀑布水第十七；郴州圆泉水第十八；桐庐严陵滩水第十九；雪水第二十，用雪不可太冷。"

中国五大名泉，即镇江中冷泉、无锡惠山泉、苏州观音泉、杭州虎跑泉和济南趵突泉。

3. 再加工水

（1）自来水。凡满足饮用水卫生标准的自来水，都可以用来泡茶。自来水是最常见的生活饮用水，属于加工处理后的天然水，为暂时硬水。自来水因其含有较多的氯气，饮用前需静置于清洁容器中 1 ~ 2 天，待氯气挥发，然后煮沸泡茶，水质可以满足日常饮用要求。

（2）纯净水。纯净水指的是不含杂质的水，简称净水或纯水，是纯洁、干净、不含杂质或细菌的水。纯净水通过电渗析器法、离子交换器法、反渗透法、蒸馏法或其他适当的加工方法制得，不含任何添加物，无色透明，可直接饮用。

（3）矿物质添加水。矿物质添加水一般以城市自来水为原水，经过净化加工、添加矿物质、杀菌处理后灌装而成。也就是说，所谓矿物质添加水，就是先把自来水加工成纯净水，再添加氯化钾等食品添加剂而勾兑出来的。

二、品茗用水的选择方法

1. pH 值与水质

在标准温度（25 摄氏度）和压力下，pH=7 的水溶液（如纯水）为中性，pH 值小说明溶液酸性强，而 pH 值大则说明溶液碱性强。pH 值俗称酸碱度，从 1 ~ 14 分为 14 级，1 ~ 6 为酸性，8 ~ 14 为碱性，7 为中性。根据 pH 值的大小，将市面上出售的饮用水分为弱酸性水和弱碱性水两种，弱酸性水的 pH 值一般在 5.0 ~ 6.9 之间，弱碱性水的 pH 值一般在 7.1 ~ 8.0 之间。如果 pH 值小于 5.0 或大于 8.0，则不推荐饮用。同时，水的 pH 值会影响茶汤色泽。当 pH 值大于 8.0 时，汤色加深；pH 值达到 5.0 时，茶黄素就容易自动氧化而损失掉。因此，在选择泡茶用水时，应以悬浮物含量低、不含有肉眼所见的悬浮微粒，pH 值大于 5.0 小于 8.0，以及非盐碱地区的地表水为好。

2. 水质对茶的影响

明代张源在《茶录・品泉》中指出："茶者水之神，水者茶之体。"所以在选择泡茶用水时，要尽量使用适合泡茶的水。一般来说，软水更适合泡茶，因为软水中的钙、镁含量较低，有利于茶叶内含物浸出。

水的软硬度对茶味的影响至关重要，软水中所含其他溶质少，茶叶内含物溶解度高，茶味也就浓厚；硬水中由于含有大量矿物质如钙、镁离子等，茶叶内含物的溶解度低，茶味偏淡，而且水中的一些物质会与茶发生作用，对茶产生不良影响。水的软硬度还会影响到水的酸碱度，从而影响茶汤的颜色。

随着现代文明的发展，导致江水、井水等水资源被污染，已不适宜直接饮用。现代人一般选用方便、洁净的自来水、纯净水、矿泉水泡茶。为了提高茶汤的品质，如选用自来水，需设法去除氯气；使用矿泉水，则应选择钙、镁离子含量少的软水。另外，在选水、用水过程中应把握"生态、节能"的原则。

（1）矿泉水。矿泉水中含有锂、锶、锌、硒、溴化物、碘化物、偏硅酸、游离二氧化碳和溶解性总固体。人们一般会认为，矿泉水是最好的泡茶用水，但事实上市场上销售的矿泉水并非全是软水，其中一部分属于硬水。所以，最好选择钙、镁离子含量小于 8 毫克每升的软水来泡茶。

（2）纯净水。用纯净水泡茶，能较好地使茶汤呈现出其应有的滋味和香气，但是纯净水并不适合长期用来泡茶。因为纯净水在净化过程中，在消除有害物质的同时，也除去了人体所需的矿物质和微量元素。

模块6 茶艺知识

- 课程　茶艺知识

课程　茶艺知识

一、品饮要义

茶艺，总结为泡茶的技艺和品茶的艺术。要想品到一杯（壶）好茶，首先要泡好一杯（壶）茶，而要泡好一杯（壶）茶，则需要掌握八个要点：选茶、择水、备具、冲泡、品赏、茶人、礼仪、雅境。

1. 选茶

选茶即挑选茶叶，但好茶的标准却因个人口味偏好和季节的不同而异，难以给出一个绝对的定义。例如，有人喜欢喝鲜爽的绿茶，有人喜欢喝馥郁的乌龙茶，有人喜欢喝甘香的花茶，有人喜欢喝厚滑的普洱茶。饮茶者各有各的爱好，各有各的追求。但一般来说，好茶还是有客观标准的。

（1）外形。好茶的外形较为匀整，不同茶类的茶叶外形不一，但无论哪种外形的茶叶，其色泽、大小、长短都要保持大体一致。另外，还要注意观察茶叶的色泽，好茶都带有光泽感，如果干茶色泽暗淡，就可能是陈茶或劣质茶。

（2）净度。茶叶中不能夹有因筛选挑拣不严遗留的杂物，如茶果、枝梗、沙粒、石屑等，否则，茶叶的品质和观感会受到极大影响。

（3）香气。好茶都具有清幽宜人的香气，或淡雅，或馥郁。好茶闻起来会使人心旷神怡。茶叶香气的产生与鲜叶所含芳香物质及制法有关。按香气类型可将茶叶分为毫香型、嫩香型、花香型、果香型、清香型、甜香型等。选茶、购茶时，要注意茶叶的香气，好茶的香气都是让人舒爽的。如果闻到了霉湿之气，或是其他令人不愉悦的气味，说明茶叶已经开始变质。选茶如图 6-1-1 所示。

2. 择水

茶叶必须用开水冲泡才能供人们享用，水质直接影响茶汤的质量，所以中国人历

图 6-1-1　选茶

来非常讲究泡茶用水。

一般来说，中国人素有“当地茶配当地水”的讲究，如杭州的“龙井茶配虎跑泉”就是为人称道的绝配，所以，泡茶首选当地茶和当地水。另外，古人提倡用山上的泉水泡茶。陆羽《茶经》指出：“其水，用山水上，江水中，井水下。”但是当前由于污染比较严重，不建议使用野外的水。如果使用也必须过滤、加热、烧开以后才能饮用。自来水因含较多的氯气，需要储存在水缸和水桶中过夜，待氯气挥发后，再煮沸泡茶，或者适当延长煮沸时间，然后泡茶。煮水如图 6-1-2 所示。

图 6-1-2　煮水

3. 备具

“水为茶之母，器为茶之父”，要冲泡好一款茶叶，必须选择适合的茶具，好的茶具会为茶增香添彩。在日常生活中，还要根据不同场合或不同情况选择合适的茶具。

如果是一个人独饮，则可以根据个人的爱好选择茶具。如果是待客，则要按照客人的喜好选择茶叶，然后根据茶叶挑选茶具，茶具和茶叶要相得益彰。例如，品饮毛尖、毛峰、猴魁等名优绿茶时可选用无花纹玻璃杯，以便观赏杯中茶芽的优美形态和碧绿晶莹的茶汤；冲泡乌龙茶则要使用广东潮州工夫茶具或紫砂壶。茶具讲究实用、便利，其次才追求美观。备具如图 6-1-3 所示。

图6-1-3　备具

4. 冲泡

冲泡是茶艺中最关键的环节，冲泡的技巧决定了能否表现出茶叶的最佳状态。

冲泡不同的茶叶，要使用不同的茶具，冲泡技巧也不尽相同，但不同茶叶的冲泡流程基本一致。

（1）煮水。根据茶叶种类和客人偏好，选择不同的水，并加热至沸腾。

（2）备茶。取出适量茶叶至茶荷中备用，如果选用的是外形美观的名茶，可让品茗者先欣赏茶叶的外形。

（3）温壶（杯）。将开水注入茶壶、茶杯（盏）中，以提高壶、杯（盏）的温度，同时使茶具得到再次清洁。

（4）置茶。将待冲泡的茶叶置入壶或杯中。

（5）冲泡。将温度适宜的水注入壶或杯中，如果冲泡原料成熟度较高或茶形紧结的茶，如乌龙茶、黑茶、老白茶或普洱生茶等，第一次冲水数秒后应立即将茶汤倒掉，称之为温润泡（也称醒茶）。如果是红茶、黄茶、绿茶、嫩白茶，温润泡的茶汤也可品饮。温润泡是让茶叶有一个舒展的过程，以便于茶叶内含物的浸出。温润泡后将水再次注入壶中，稍待片刻，即可将茶汤倒出品饮。冲泡如图6-1-4所示。

图6-1-4　冲泡

（6）奉茶。将盛有香茗的茶杯奉到品茗人面前，一般应双手奉茶，以示敬意。

5. 品赏

品茶与日常喝茶不同。喝茶主要是为了解渴，品茶则是为了追求精神上的满足。品茶可以视为一种艺术欣赏，要细细品评，徐徐体察，感受茶的真香真味，然后从物质体验升华到精神享受，达到审美的愉悦。

一杯茶可从三个方面去欣赏：一赏茶色，二闻茶香，三品茶味。

（1）赏茶色。品茶赏茶第一步要做的就是欣赏茶的汤色。各类茶叶，各有其特色，即便是同类茶叶也有不同的颜色。赏茶色首先要观察茶汤的明亮度，以清澈明亮为最好（清澈是指无沉淀、无浮游物，明亮是指有光泽）。

如果是名优绿茶，还可欣赏其美妙的形态，芽叶成朵，在碧绿的茶汤中徐徐伸展，亭亭玉立，婀娜多姿，令人赏心悦目。

（2）闻茶香。好茶的香气自然纯真，闻之沁人心脾，令人陶醉；低劣的茶叶则有股烟焦味和青草味，甚至夹杂着馊臭味。

茶叶香气是由多种芳香物质综合而成的，不同的茶叶有不同的香气特征，泡成茶汤后，会出现清香、栗子香、果味香、花香等。例如，原料细嫩、制作精良的名优绿茶，具有清香型（香气清纯，缓缓散发，令人有愉快感）和嫩香型（香味高洁细腻、新鲜悦鼻，有的似板栗、嫩玉米香）。

（3）品茶味。不同茶类的茶汤初入口时，都有或浓或淡的苦涩味，但咽下之后，很快就在嘴里化甘，韵味无穷。这是茶叶中所含化学成分刺激口腔各部位味觉神经的结果。

茶叶中对味觉起主导作用的物质是茶多酚及其氧化物（包括儿茶素及各种多酚类物质）、氨基酸、茶黄素、茶红素等，起辅助作用的是咖啡碱、还原糖等化合物。在不同的条件下，这些物质的含量与组成成分的变化，表现为不同茶类的滋味特征。

茶汤入口之后，舌面上的味蕾受到各种呈味物质的刺激而产生兴奋波，经由神经传导到中枢神经，经大脑综合分析后产生不同的滋味感。舌头各部位的味蕾对不同的滋味感受不一样，如舌尖易感受甜味，舌面对鲜味和涩味最敏感，舌两侧易感知酸味，近舌根部位易辨别苦味。所以，茶汤入口后，不要急于咽下，要让其在口腔中停留，使舌头的各个部位都能感受到茶汤的滋味，这样才能充分品赏茶汤的美妙。品茶如图 6–1–5 所示。

图 6–1–5　品茶

6. 茶人

“茶人”一词源自唐代白居易《谢李六郎中寄新蜀茶》“不寄他人先寄我，应缘我是别茶人”。茶人实际是从事茶叶种植、生产、销售、品饮鉴赏、文化研究等各个方面人员的统称，而在品茗过程中主要是指泡茶人和饮茶人。

（1）泡茶人（见图6–1–6）。人是茶艺最根本、最主要的因素。在茶艺演示过程中，泡茶人之美主要表现在两个方面：一是外在表现出来的、可见的仪态美，二是非直接可见但体现于各方面的内在美。

图6–1–6　泡茶人

（2）饮茶人。文人心中的茶侣往往都是兴趣相投之人。徐渭在《煎茶七类》中写道：“茶侣。翰卿墨客，缁流羽士，逸老散人或轩冕之徒，超然世味也。”在他看来，理想的茶侣应是品行高洁之士。明代茶人陆树声作《茶寮记》，在论述茶品之前先论人品，将“人品”列为第一，他认为唯有文人雅士和有高洁情操的人，在简洁雅静的环境中，才能与茶品相融相得，才能品尝到真茶的趣味。

7. 礼仪

举止端庄、进退有礼、文质彬彬，代表了人们内在的尊严与修养。礼仪在茶事中占有重要的地位。茶艺师的身体姿态和举止是表达其内心世界的重要窗口，它比口头语言的作用更深刻、更亲切、更有说服力。

（1）姿态。茶艺师坐、站、行、礼的身体姿势与仪态都关系到礼仪的要求。因此，茶艺师要时刻对自己的身体姿态进行控制，各类姿态都要端庄宁静。

茶艺在本质上也是礼法的美好展示，是茶道高雅精神的具体呈现。茶艺中有多种敬礼方式，现代较为熟悉的是鞠躬礼，古代的拱手、作揖礼在茶艺中也有呈现。茶艺礼仪要与人的真实情感和恭敬态度紧密结合起来。

（2）动作。茶艺动作的每一个步骤、冲泡时每拿的一件器具都有严格的规范，主要是手的动作。首先是归位，所有的冲泡器具都有规定的位置，只有严格按照规定要求摆放，冲泡时才能得心应手。其次是规范，冲泡时动作要符合要求，表达准确，认真严谨地完成所有程序。最后是恭敬，对宾客态度要恭敬，对茶也要有恭敬虔诚之心。

（3）茶礼。端杯、奉茶能体现出茶艺师对茶汤和宾客的尊敬，是茶艺作品的呈现。

奉茶时距离和高度都应适中。奉茶时茶盘要端稳，给人以安全感，先行礼，再走近奉茶，接着行伸掌礼并示意“请喝茶”，然后退后半步再转身离开。

（4）语言。语言是沟通和交流的工具。掌握并熟练运用礼貌用语是提供优质服务的保证。礼貌用语是从事任何职业都必须具备的基本能力。礼貌用语主要包括问候语、应答语、赞赏语、迎送语等。

8. 雅境

所谓雅境，即品茶的场所。茶优、水好、器精和恰到好处的冲泡技巧，造就了一杯好茶，再加上幽雅的环境，饮茶便不是单纯的喝茶了，而是成为一门综合性的生活艺术。因此，营造品茶环境很重要。茶室品茶如图 6–1–7 所示，户外品茶如图 6–1–8 所示。

图 6–1–7　茶室品茶

图 6–1–8　户外品茶

二、冲泡技巧

在各种茶叶的冲泡过程中，投茶量、冲泡水温、注水方式和浸泡时间是冲泡技巧中的四个基本要素。在泡茶时，还有三种不同的投茶方法，分别为上投法、中投法和下投法。

1. 投茶量

冲泡不同类别的茶叶，使用不同的茶具，茶叶的投放量均有差异。一般来说，冲泡同样的茶叶，在泡茶水温和浸泡时间相同的前提下，茶水比越小，水浸出物的绝对量就越大。茶水比过小时，茶叶内含物被溶出的量虽然较大，但由于用水量大，茶汤浓度相对较低，可能会导致味淡香薄。相反，茶水比过大时，由于用水量少，茶汤浓度过高，滋味苦涩，而且不能充分利用茶叶的有效成分。

（1）绿茶类。冲泡绿茶时，一般每克茶用水量以50~60毫升为宜，也就是说，1克绿茶，冲入开水50~60毫升。通常一只容量在100~150毫升的玻璃杯，投茶量为2~3克。

（2）白茶类。白茶品饮分新茶冲泡和老茶冲泡。新茶冲泡与绿茶冲泡相仿，每克茶用水量以40~50毫升为宜，老茶每克用水量为30~40毫升。

（3）黄茶类。冲泡黄茶时，每克茶用水量为30~50毫升，与绿茶相仿。需要注意的是，在冲泡黄芽茶时，每杯茶的投茶量应恰到好处，如冲泡君山银针时，投茶量太多或太少都不利于欣赏杯中茶的姿态。

（4）乌龙茶类。我国乌龙茶品种丰富，茶叶外形差异较大，有条索形的凤凰单丛、武夷岩茶、文山包种茶，有卷曲成螺的铁观音，有紧结呈半球状的冻顶乌龙茶等，因此投茶量也有所不同。通常情况下，冲泡乌龙茶每克茶用水量为18~22毫升。

（5）红茶类。红茶品饮主要有清饮和调饮两种。清饮泡法，每克茶用水量为40~50毫升，如选用红碎茶，则每克茶用水量为70~80毫升。调饮泡法是在茶汤中加入调料，如糖、牛奶、柠檬、蜂蜜等，茶叶的投放量则可随品饮者的口味而定。

（6）黑茶类。一般来说，冲泡黑茶每克茶用水量为20~30毫升。根据茶叶产地、制作工艺等的不同来增减投茶量。

（7）再加工茶类。冲泡花茶每克茶用水量为50~60毫升。冲泡紧压茶，由于茶叶紧压，每克茶用水量为30~40毫升。

由于茶类不同，泡法不同，香味成分含量及其溶出比例不同，甚至饮茶习惯，对香、味的要求也因人而异，因此投茶量可做适当调整。

2. 冲泡水温

泡茶水温的高低与茶的老嫩、条形松紧有关。大致来说，茶叶原料粗老、紧实、整叶的，比茶叶原料细嫩、松散、碎叶的浸出茶汁要慢得多，所以冲泡水温要高。

一般来说，外形细嫩的名优茶冲泡水温应在80摄氏度左右，外形粗老的茶冲泡水温应在95摄氏度以上。

（1）绿茶类。普通绿茶用85~90摄氏度的水冲泡，但极细嫩的名优绿茶，一般用80摄氏度的水冲泡。这样泡出来的茶汤色清澈不混浊，香气纯正，滋味鲜爽，叶底明亮，使人饮之可口。如果水温过高，汤色就会变黄；茶芽因“泡熟”而不能直立，进而失去观赏性；维生素遭到大量破坏，营养价值降低，咖啡碱、茶多酚的快速浸出使茶味苦涩，还会降低饮茶的功效。

（2）白茶类。白毫银针以茶芽为主，建议以85摄氏度的水冲泡。白牡丹建议以90摄氏度的水冲泡。寿眉和贡眉可以用95~100摄氏度的水冲泡。陈年白茶的冲泡水温可适当提高到 100 摄氏度，还可以进行煮饮。

（3）黄茶类。黄茶多采用细嫩的茶芽为原料加工而成。一般较为细嫩的黄芽茶和黄小茶适合用 80 ~ 85 摄氏度的水冲泡，这样才不至于泡熟茶芽，从而使茶芽条条挺立，犹如雨后春笋，饮茶者可通过玻璃杯观赏茶芽的外形和姿态。如果是原料较粗老的黄大茶，宜以 100 摄氏度的水进行冲泡，使茶的内含物更容易析出，茶汤滋味更加浓醇。

（4）乌龙茶。乌龙茶以成熟芽叶作为原料，属半发酵茶，加之用茶量较大，一般情况下，采用 100 摄氏度左右的沸水冲泡。在乌龙茶壶泡时，为了避免温度降低，泡茶前要用开水烫热茶壶，冲泡后还要用开水淋壶加温，这样才能将内含物充分浸泡出来。

（5）红茶类。外形细嫩的红茶，冲泡水温一般掌握在 80 ~ 85 摄氏度。大宗红茶或红碎茶可用 90 ~ 100 摄氏度的水冲泡。

（6）黑茶类。黑茶由于原料或加工工艺的关系，一般采用 100 摄氏度的沸水冲泡。

（7）再加工茶类。冲泡花茶应根据所配的茶类选择冲泡水温，如桂花龙井茶，应根据冲泡绿茶的水温来冲泡。紧压茶多以粗老原料加工而成，如砖茶，即使用 100 摄氏度的沸水冲泡，也很难将茶汁浸泡出来。所以，喝砖茶时，须先将打碎的砖茶放入容器内，加入一定量的水煎煮后方能饮用。

需要说明的是，泡茶用水通常是煮沸后，再自然冷却至所需的温度。

3. 注水方式

注水是泡茶过程中需要由人工完全控制的环节，注水的快慢，水流的急缓及水线的高低、粗细等，对茶汤质量均有一定影响。

每种茶叶根据其特征不同都有其对应的冲泡方法，应从“实用、科学、美观”的原则加以考虑，同时根据实际情况进行茶叶冲泡。以下几种注水方式较为普遍。

（1）单边定点低斟。顺着容器边缘固定位置定点低位注水，细流慢斟，使茶的内含物舒缓释放。

（2）中间定点低斟。定点容器中间位置注水，茶底只有中间的一小部分能够和水线直接接触，使茶叶浮在水面缓缓上升，让茶叶在水的浸润下慢慢舒展开来。

（3）环圈式低斟。环绕容器边缘一圈或数圈均匀慢斟，根据注水速度配合以相应的旋转速度，水线细就慢旋，水线粗就快旋。

（4）单边定点高冲。顺着容器边缘固定位置定点注水，水流高冲使茶叶翻滚，避免水流直接击打茶叶，以利于茶叶的舒展，使茶的内含物快速释放。

（5）螺旋式高冲。从容器内任意一点开始注水，螺旋绕圈上升扩展至容器边缘。此法能使茶叶直接接触到注入的水，让面上面下的茶叶基本上都能同时浸出内含物。

（6）环圈式高冲。注水时沿着容器边缘高位旋满一周，收水时正好回归出水点。这种注水方式可令茶的边缘部分在第一时间接触到水，而面上中间部分的茶要靠水位上涨才能接触到水，注水时的茶水融合度没有那么高。

4. 浸泡时间

泡茶时间必须适中，时间短了，茶汤淡而无味，香气不足；时间长了，茶汤太浓，茶色过深，茶香因散失而变得淡薄，茶汤的滋味随着冲泡时间的延长而逐渐增浓。

（1）绿茶。绿茶采用单杯单饮时，第一泡茶以冲泡 30 ~ 50 秒饮用为好，若想再饮，当杯中剩有 1/3 茶汤时，再续热水。如果是小壶冲泡，投量大，出汤时间则应较快，为 15 ~ 30 秒。

（2）白茶。白茶冲泡分新白茶冲泡和老白茶冲泡，各自冲泡时间不同。新白茶内含物溶解较慢，浸泡时间稍长，15 ~ 20 秒出汤；老白茶使用沸水冲泡，温润泡后，内含物溶解较快，出汤时间也应稍快，以 5 ~ 10 秒为宜。

（3）黄茶。黄茶的浸泡时间与绿茶相似，单杯单饮时，一泡浸泡 30 ~ 50 秒饮用为好。采用壶泡时，浸泡 15 ~ 30 秒为宜。

（4）乌龙茶。冲泡乌龙茶时，由于用茶量较大，温润泡后，如果是岩茶类，第一泡 5 ~ 10 秒，之后根据茶叶情况逐渐增加浸泡时间；如果是卷曲形的茶叶，浸泡时间长一些，第一泡以 45 ~ 60 秒（视茶而定）为宜，第二泡的浸泡时间比第一泡要短，往后每泡可逐渐增加浸泡时间，这样可使茶汤浓度均匀一致。

（5）红茶。红茶第一泡以 10 ~ 20 秒（视茶而定）为宜，第二泡的浸泡时间相对缩短些，往后每泡可逐渐增加浸泡时间。

（6）黑茶。黑茶冲泡水温高，内含物溶解快，所以出汤较快，基本是冲水后 5 秒左右出汤，4 泡过后可逐渐增加浸泡时间。

（7）再加工茶类。为了更好地展现茶的韵味和花的香气，花茶的浸泡时间一般以 30 ~ 45 秒为宜。紧压茶经润茶后，茶汤析出较快，浸泡时间一般在 5 秒左右，往后每泡可逐渐增加浸泡时间。

三、茶点选配

1. 与茶有关的饮食

（1）茶食。茶食是指经过精巧制作，用以佐茶的食品，一般可分为茶楼里经过烹制的茶食和茶艺馆里的品茗茶食两类。前者往往有“喧宾夺主”之嫌，如广式早茶、杭州提供自助茶点的茶馆，以食为主，许多茶客以填饱肚子为前提，茶叶的冲泡技艺和品饮则退为其次了。而在茶艺馆品茗，茶的品质是最重要的，茶食只扮演了调剂的角色，是填补空当和防止空腹饮茶的点心。

（2）茶菜。茶菜也叫茶肴，是指以茶叶为主料或辅料制作的菜肴。人类对于茶的应用，自古以来就经历了生吃药用—熟吃当菜—烹煮饮用—冲泡饮用的历史阶段。在人类认识茶的初始阶段，人们把采摘的茶叶鲜叶放在阳光下晒干，以便随时取用，但干叶难以下咽，于是便将干叶和稻米一起放在陶制的釜鼎内熬煮成稀粥食用。遇下雨天鲜叶无法晒干时，就将摊凉过的叶子压紧放在瓦罐里。一段时间后便成了“腌茶”，不用煮即可直接食用，这可能就是最早的茶菜了。现在西南地区的一些少数民族还保留着远古的吃茶习惯，除了直接咀嚼茶叶外，有的民族还将茶叶鲜叶压紧储藏在竹筒里，经自然氧化，茶香溢出，吃时用盐、醋等调味，即成一道美味的凉拌茶菜。

茶菜的制作并不比烹制其他菜肴简单，须掌握茶叶的特性，合理地将其和菜肴结合起来，使得菜肴烹饪后仍能展示茶叶的香、形等特色。广为人知的著名茶菜，如杭州的龙井虾仁、孔府名菜茶烧肉、四川的樟茶鸭，以及最大众化、最流行的五香茶叶蛋、茶叶豆腐干等，均深受人们的青睐。

（3）茶宴。以茶宴客即为茶宴。“茶宴”一词正式出现是在唐代钱起所著《与赵莒茶宴》中，“竹下忘言对紫茶，全胜羽客醉流霞。尘心洗尽兴难尽，一树蝉声片影斜。”唐代饮茶风气遍及全国，朝野上下无不将茶视为风雅之物。邀请亲朋好友聚在庭院或雅洁的厅堂内举行品茶宴会成为一种风尚。一边品尝名茶，一边吟诗作赋，或谈古论今，或叙谈趣事。有时除了品茶吟诗之外，还有歌舞助兴，盛况空前。

茶宴形式多样，可以豪华盛大，也可以简约朴素；可以在室内举行，也可以在庭院或野外举行。好茶和茶食是茶宴中的主角，茶食以素食为主，如干果、鲜果、羹点等。

2. 茶点选配

茶点种类繁多，可根据品饮的茗茶种类和个人喜好选择。精致的茶点可以补充能量，还可以为茶席增添美感。但应注意，茶点是佐茶之用，不宜选择过于油腻、辛辣和有怪味的食品，以免影响味觉而喧宾夺主。

（1）不同茶类的茶点搭配。清新的绿茶搭配甜食，二者相得益彰；醇厚的红茶配上酸甜可口的话梅，回甘更持久；乌龙茶鲜爽醇和，搭配口味重的咸味瓜子等茶点可以使茶的香气和茶汤口感保持得更久。

（2）不同季节的茶点搭配。随着季节的变化，茶的内含物会有所变化。而人的体质状况也会因节气、时间而有所调整，因此茶食的准备无论就茶的内含物还是人的体质来说，都要依节气、时间的不同而异。春天的茶食要多一些艳色，夏天要准备味道较清淡的茶食，秋天时茶食宜以素雅为主，冬天就得准备味道较重的茶食。茶食的颜色、种类、数量，宜少不宜多，适可而止。

（3）不同人群的茶点搭配。根据人群的不同，选择茶点时也应作相应的调整。老年人宜选用容易咀嚼且易消化的茶点；年轻人可选用色彩鲜艳的茶点，品种应适当多一些。

模块7

茶与健康及科学饮茶

课程 7-1　茶与健康

在我国古代，茶常被当作药物使用。随着近代科学技术的发展，人们对茶叶的药用有效成分及药理功效有了进一步的认识，从理论上和数据上对茶的传统功效都给予了充分的肯定和证明。随着健康、高雅的生活方式越来越受到推崇，茶也越来越成为大众生活中不可或缺的健康饮品。如何科学、健康地饮茶，也成了众多饮茶爱好者关心的话题。

一、茶叶主要成分

目前，已经鉴定出的茶叶化学成分有 1 400 多种，它们对茶叶的色、香、味，以及营养、保健功效起着重要的作用。经测试，茶树鲜叶一般含有 75%～78% 的水分和 22%～25% 的干物质。这些成分兼具营养作用和药用作用。

1. 茶叶的营养成分

（1）氨基酸。氨基酸是茶叶中的主要滋味成分，同时也是主要的功能性成分，与茶叶的保健功能关系密切。氨基酸在茶汤中的浸出率可达 80%，所以它对茶汤品质和人体的药理作用影响较大。茶叶中已被发现的氨基酸有 26 种，除了组成蛋白质的 20 种氨基酸外，还含有 6 种非蛋白质组成的游离氨基酸，氨基酸的总量占茶叶干重的 1%～4%。与茶叶保健功效关系最大的氨基酸是茶氨酸和 γ- 氨基丁酸。茶氨酸可以促进神经生长和提高大脑功能，从而增强记忆力，并对帕金森病、阿尔茨海默病及传导神经功能紊乱等疾病有预防作用；还能明显抑制由咖啡碱引起的神经系统兴奋，改善睡眠；增加肠道有益菌群，降低血浆胆固醇含量；可以保护肝脏，增强人体免疫机能，有改善肾功能、延缓衰老等功效。

γ- 氨基丁酸具有显著的降血压效果，它能改善大脑血液循环，增加氧气供给，改善大脑细胞代谢功能，降低胆固醇含量，调节激素分泌，增强肝功能，活化肾功能，改善更年期综合征等。

（2）茶多糖。茶多糖也叫茶叶多糖复合物，包括单糖、双糖和多糖三类。其含量随茶叶原料的老化而增多，一般来说，六级茶中茶多糖含量是一级茶的 2 倍左右。同样嫩度的鲜叶加工成红茶、绿茶和乌龙茶后，茶多糖含量以乌龙茶最高，绿茶次之，红茶最低。

茶多糖具有降血糖、降血脂、防辐射、抗凝血及血栓、增强机体免疫功能、抗氧化、抗动脉粥样硬化、降血压、保护心血管等药理功效。

（3）维生素类与矿物质元素。茶叶中含有多种维生素，分为水溶性维生素（以维生素 B、维生素 C 最为重要）与脂溶性维生素（以维生素 A、维生素 E 最为重要）两类。绿茶的维生素含量高于红茶，高级绿茶中维生素 C 的含量约为 0.5%。春茶的维生素含量高于夏秋茶。研究证明，维生素 C 有很强的还原性，在体内具有抗细胞物质氧化、解毒等功能，还能防治维生素 C 缺乏病、增加机体抵抗力、促进创口愈合等。茶叶中的维生素 C 与茶多酚之间存在协同作用，在正常饮食情况下，每天饮用高级别绿茶 3 ~ 4 杯就可基本满足人体对维生素 C 的需求。B 族维生素对烟酸缺乏症、消化系统疾病、眼病等有显著疗效。

茶叶中含有多种矿物质，其中磷与钾含量最高；其次为钙、镁、铁、锰、铝，微量成分有铜、锌、钠、硫、氟、硒等，大多数矿物质对人体健康是有益的。其中，氟对预防龋齿和防治老年人骨质疏松有明显效果；硒能刺激免疫蛋白及抗体的产生，增强人体对疾病的抵抗力，可防治某些地方病如克山病的发生，并对治疗冠心病有效，还能抑制癌细胞的发生和发展；锌可增强免疫力并益智；铁和铜都与人体的造血功能有关。

2. 茶叶的药用成分

（1）茶多酚。茶多酚是茶叶中多酚类物质的总称，是茶叶的特征性生化成分之一，也是茶叶医疗价值最主要的物质基础，它们在鲜叶中的含量一般在 15% 以上，最高可达 40%。茶叶中多酚类物质主要由儿茶素类（黄烷醇类）、黄酮类和黄酮醇类、花青素和花白素类、酚酸和缩酚酸类组成，以儿茶素类化合物含量最高，占茶多酚总量的 70% ~ 80%。

茶多酚是一种活性物质，具有氧化还原性，能清除过多的自由基，并阻断自由基的传递，提高人体内源性抗氧化能力，被誉为“人体的保鲜剂”。鲜叶加工成干茶后，不同的加工方法使多酚类物质发生不同程度的变化。绿茶的茶多酚含量在所有茶类中是最高的；红茶的茶多酚含量在所有茶类中是最低的，但红茶含有大量多酚氧化产物，有很好的保健功效；乌龙茶介于绿茶与红茶之间，保留了一定数量的茶多酚，同时也含有一些多酚氧化产物。

多酚类物质具有杀菌抗病毒、清除自由基、保护和修复DNA结构等生化活性，这些生化性质使茶叶具有降血脂、抗脂质过氧化、抗菌、抗病毒、抗衰老、解毒、增强免疫力等功效。

（2）生物碱。茶叶中的生物碱主要有咖啡碱、茶碱和可可碱，三种生物碱都属于甲基嘌呤类化合物，是一类重要的生理活性物质，也是茶叶的特征性生化成分之一。它们均具有兴奋中枢神经的功效。由于茶叶中茶碱含量较低，而可可碱在水中的溶解度不高，因此，在茶叶生物碱中起主要药效作用的是咖啡碱。

茶叶中的咖啡碱含量为鲜叶干重的2%～4%，每150毫升茶汤中含有约40毫克咖啡碱。咖啡碱具弱碱性，易溶于水，通常在80摄氏度水温中即能溶解，它对茶汤滋味的形成具有重要作用。咖啡碱常和茶多酚呈络合状态存在，在人们正常的饮用剂量下，咖啡碱对人无致畸、致癌和致突变作用。茶叶中的咖啡碱还具有兴奋大脑中枢神经、强心、利尿等多种药理功效。茶叶的许多功效都与咖啡碱有关，如消除疲劳，提高工作效率，抵抗酒精和尼古丁等的毒害，减轻支气管和胆管痉挛，调节体温，兴奋呼吸中枢等。当然，咖啡碱也存在负面效应，主要表现为晚上饮茶可影响睡眠，对神经衰弱者及心动过速者有不利影响等。

（3）茶色素。茶色素包括脂溶性色素和水溶性色素两种，含量仅占茶叶干物质总量的1%左右。脂溶性色素不溶于水，有叶绿素、叶黄素、β–胡萝卜素等。水溶性色素有黄酮类物质，花青素及茶多酚氧化产物茶黄素、茶红素、茶褐素等。脂溶性色素是形成干茶色泽和叶底色泽的主要成分。尤其是绿茶，其干茶色泽和叶底的黄绿色主要取决于叶绿素的含量。

叶绿素具有抗菌、消炎、除臭等方面的药用价值。β–胡萝卜素具有抗氧化、清除体内自由基、增强免疫力、提高人体抗病能力等作用。

在茶叶中，茶多酚及其衍生物经过氧化缩合可以形成茶黄素和茶红素，它们是红茶的主要品质成分，也是红茶色泽呈现的主要成分，具有很好的生理活性，在红茶中含量一般约为1%。在黑茶、乌龙茶、黄茶中也存在少量茶黄素和茶红素。茶黄素具有类似茶多酚的作用，是一种有效的自由基清除剂和抗氧化剂，具有抗癌、抗突变、抑菌抗病毒、治疗糖尿病、改善和治疗心脑血管疾病等作用。

（4）茶皂素。茶皂素是一种天然表面活性剂，可以让茶汤起泡沫。它存在于茶树的种子、叶、根、茎中，茶根中含量最多。茶皂素除了最主要的表面活性外，还具有溶血、降低胆固醇含量、抗菌作用以及抗炎、镇静（抑制中枢神经、镇咳、镇痛）等作用。近年来的研究发现，茶皂素可能还具有降血压的功能。

二、茶与健康的关系

1. 古人对茶与健康关系的认知

茶叶中含有丰富的有利于身体健康的功能性成分，是公认的健康饮品。从古至今，饮茶除了具有保健功能外，还可以放松心情、陶冶情操，提高人们的生活品位。

茶叶与健康的关系，古书中多有记载。早在中国古代，茶叶的药用保健价值就被记录和传颂了。《神农食经》称："茶茗久服，令人有力、悦志。"三国华佗《食论》有"苦茶久食，益意思"之说。晋代张华《博物志》称："饮真茶，令人少眠。"唐代，人们已普遍认识到茶的药用价值，荣西禅师在他的著作《吃茶养生记》中称"茶为万病之药"。此说虽有夸张之嫌，但茶的药理成分之多和药效作用之广却是事实。自唐至清，可收集到论述茶效的古籍不下百种。这些资料足以证明古人对茶的认识，茶与健康的关系主要体现在茶的药用价值，如安神除烦、下气消食、祛风解表、生津止渴、疗痢止泻、清热解毒、清肺去痰、醒酒解酒、利水通便等。

茶虽然不是药，但在一定条件下，却具有一定的药用功能和功效。

2. 现当代茶与健康的研究

随着科学技术的发展，关于茶的很多不解之谜也日渐清晰。只有正确认识和科学应用才能真正实现茶养生保健的功效。因此，尽管饮茶有利健康，但是还须做到科学饮茶。同时，必须明白茶不是"药"，而是一种对人体有生理调节作用的功能性饮品，通过饮茶可以提高人体对疾病的免疫力，预防许多对人体有很大威胁的疾病，并且有一定的治疗效果。

在现代社会，茶叶在抗疲劳、预防和治疗心理疾病中也发挥着非常重要的作用。其功能的发挥主要体现在两个方面：一是茶叶自身所具有的化学成分对心理疾病有预防和治疗的作用，二是饮茶所营造的舒适环境对心理疾病能够起到缓解作用。

中国茶道精神提倡和诚处世、以礼待人，建立和睦相处、相互尊重、互相关心的人际关系，以利于社会风气净化。在当今社会中，由于生活节奏加快、竞争激烈，人们易浮躁，心理易失衡，导致人际关系紧张。而茶道、茶文化是一种雅静、平和的文化，它能使人们绷紧的心灵之弦得以松弛、倾斜的心理得以平衡。

茶与人们日常生活密不可分，以茶待客、以茶代酒、以茶馈赠，茶已渗透到生活中的方方面面。茶能陶冶人的情操，提升人的精神境界，驱散内心阴霾，减轻心理障碍。人们通过品茶来放松心情、调整心理压力，更好地形成积极的心态，能够营造一种更加健康的心理状态，在促进心理健康发展的同时提升内在气质和修养。

课程 7-2　科学饮茶

一、科学饮茶的基本要求

要做到科学饮茶，首先要能够正确地选择茶叶。一是要根据季节、气候、个人体质等来选择相应的茶叶；二是还应注意尽量选择品质优良同时又安全卫生的茶叶产品，如绿色食品茶或天然有机茶。

喝茶是一门学问，只有会喝茶才能喝出健康来。茶艺师应掌握正确的饮茶知识，以帮助人们科学饮茶。

《茶疏》有云："茶宜常饮，不宜多饮。常饮则心肺清凉，烦郁顿释；多饮则微伤脾肾，或泄或寒。盖脾土原润，肾又水乡，宜燥宜温，多或非利也。"饮茶需控制茶量和浓度，过浓过多都会导致脾胃不适，加重肾脏负担。而且饮茶只需"但令色香味备，意已独至，何必过多，反失清冽乎"。

饮茶宜早不宜过晚，晋代张华在《博物志》中讲到，"饮真茶，令人少眠，故茶美称不夜侯，美其功也。"然而长期熬夜饮茶会令人精神亢奋，影响睡眠质量，故茶宜日间饮用，入夜后慎饮浓茶。

茶性本寒，绿茶尤甚，茶中的多酚类物质对胃部刺激性较大，故空腹饮茶对胃部负担较重，进而影响胃部健康。

茶不宜饭后即饮。《红楼梦》中，林如海教导黛玉"惜福养身，云饭后务待饭粒咽尽，过一时再吃茶，方不伤脾胃"。饭后，胃部会分泌胃液来消化食物，此时如果即刻饮茶，茶汤会稀释胃液并刺激胃部，加速其蠕动，影响消化。

不同的茶有着不同的特性，应依据茶叶的特性来选茶。按照加工工艺不同把六大茶类分成不同特性的茶，如绿茶、白茶属于寒性的茶类，黄茶、乌龙茶属于中性的茶类，红茶和黑茶属于温性的茶类。

一般来说，初始饮茶者或平日不大饮茶的人，最好品尝清香醇和的绿茶和白茶，如西湖龙井、白毫银针、黄山毛峰、庐山云雾等；有饮茶习惯、嗜好清淡口味者，可以选择高档烘青和地方优质茶，如君山银针、霍山黄芽、旗枪、茉莉烘青等；喜欢茶味浓醇者，则以半发酵的乌龙茶为佳，如铁观音、武夷岩茶、台湾乌龙等。

一般来说，冬天不适合饮用性寒凉的茶类，但如果在有暖气的北方或是在空调房里，空气较为干燥，这时可以选择偏凉的茶类，以达到降燥、降热的效果。另外，患有疾病的人应根据病况选择有利于身体恢复的茶品，而用药时应慎饮茶。

二、根据不同体质选茶

每个人都有其特有的体质，《中医体质分类与判定》将人分为九种不同的体质。体质也会随着季节、气候、心情等因素发生变化，应根据体质变化选择不同的茶品。

1. 平和质

总体特征：阴阳气血调和，以体态适中、面色红润、精力充沛、随和开朗等为主要特征。

平和质的人适宜饮用各种茶类，可根据天气及心情适度饮茶。

2. 气虚质

总体特征：元气不足，以疲乏、气短、自汗等为主要特征。

气虚质的人不耐风、寒、暑、湿邪，总体来说需要补气，且需要良好的睡眠和休息，所以较为适合饮用黑茶等安神的茶饮。

3. 阳虚质

总体特征：阳气不足，以畏寒怕冷、手足不温、喜热饮食、精神不振等为主要特征。

阳虚质的人，易患痰饮、肿胀、泄泻等病，感邪易从寒化，耐夏不耐冬，易感风、寒、湿邪，较为适合饮用性温的茶类，如红茶、黑茶、老白茶。

4. 阴虚质

总体特征：阴液亏少，以口燥咽干、手足心热、鼻微干、喜冷饮等为主要特征。

阴虚质的人易患虚劳、失精、不寐等病，感邪易从热化，不耐受暑、热、燥邪，较为适合饮用性寒及性平的茶类，如绿茶、白茶、黄茶、清香型乌龙茶等。

5. 痰湿质

总体特征：痰湿凝聚，以形体肥胖、腹部肥满、口黏苔腻等为主要特征。

痰湿质的人易患消渴、中风、胸痹等病，比较不耐湿热的梅雨环境，较为适合饮用白茶，因白茶祛痰止渴、消炎等效果较为突出。另外，痰湿质的人多易肥胖，也适合饮用黑茶，如普洱熟茶、茯砖茶、六堡茶等，以轻身健体。

6. 湿热质

总体特征：湿热内蕴，以面垢油光、口苦、苔黄腻等为主要特征。

湿热质的人易患疮疖、黄疸、热淋等病，对湿重或气温偏高的环境较难适应，较为适合饮用除湿的茶饮，如黑茶，尤其是六堡茶。

7. 血瘀质

总体特征：血行不畅，以肤色黯黑、舌质紫黯等为主要特征。

血瘀质的人易患症瘕及痛证、血证，不耐受寒邪，适合饮用茶多糖含量较高的茶类，如乌龙茶、寿眉、黑茶等采摘等级较为粗老的茶叶，因为茶多糖具有抗凝血及抗血栓的功效。

8. 气郁质

总体特征：气机郁滞，以神情抑郁、忧虑脆弱等为主要特征。

气郁质的人性格内向不稳定、敏感多虑，易患脏躁、梅核气、百合病及郁证等，适合饮用高香的茶类，尤其是茉莉花茶，具有疏肝解郁的功效。此外，高香的乌龙茶如凤凰单丛、武夷岩茶等也是不错的选择。

9. 特禀质

总体特征：先天失常，以生理缺陷、过敏反应等为主要特征。

特禀质中过敏体质者常见哮喘、风团、咽痒、鼻塞、喷嚏等，甚至有遗传性疾病，换季较易过敏，适合饮用性平的茶饮，如黄茶、花茶、乌龙茶等。

三、根据不同季节选茶

民间有俗语："夏饮绿，冬饮红，一年四季喝乌龙。"

不同的季节适宜饮用的茶亦不同。不同的茶，茶性相异，新白茶、绿茶性寒；黄茶、乌龙茶性平；红茶、黑茶则性温，应根据季节选择适宜的茶类。

春季万物生发，人体也适宜运动，以养生发之气，因此，春天适合饮用性平的茶，如黄茶、乌龙茶，也适合饮用花茶。花茶疏肝解郁，具有很好的理气和中的功效，能促进机体阳气的生发，使人感到愉悦。

夏季暑热难耐，最适宜饮用绿茶和白茶，以降燥去暑。绿茶茶多酚含量较高，茶汤滋味清爽、苦后回甘，能让人消去几分夏日的黏腻之感。新白茶因其茶性寒凉，亦有解暑功效。

秋季气温渐凉，天气转燥，人们会感觉到皮肤、鼻腔、咽喉非常干燥，总有不适感，这就是"秋燥"。此时适合喝乌龙茶，乌龙茶内质馥郁，不寒不热。秋天饮用乌龙茶，能够很好地除燥、升津、润肺、清热。乌龙茶性平且高香，秋季是最适宜饮用的季节。

冬季寒冷，此时煮上一壶老茶，红炉夜话，煮茶听雪，是再适宜不过的事情。老白茶、黑茶都非常适合煮饮，此外，泡上一杯温暖的红茶也是不错的选择。

四、饮茶禁忌

一般的饮茶者往往喜欢根据个人的趣味爱好饮茶，一旦形成习惯则很难改变。如果是良好的习惯，自然是好事。但如果是不好的习惯，就有可能产生负面效果。茶艺师要引导人们养成良好的饮茶习惯，首先要对饮茶的误区有所了解。

饮茶的"禁忌"是不容忽视的。茶叶虽是健康饮品，但与其他任何饮料一样，也是饮之有度、过量有害。喝茶过多，特别是暴饮浓茶，对身体健康不但无益反而有害。如过度饮浓茶，茶中的生物碱将使人体中枢神经过于兴奋，心跳加快，增加心、肾负担，晚上饮浓茶还会影响睡眠。而且，高浓度的咖啡碱和多酚类物质对肠胃也会产生刺激作用，抑制胃液分泌，影响消化功能。

饮茶时要特别注意茶汤的温度，一般情况下，饮茶提倡热饮或温饮，避免烫饮，因为过热的茶水不但会烫伤口腔、咽喉及食道黏膜，长期的高温刺激还是口腔和食道肿瘤的发病诱因。所以，茶水温度过高是有害的，建议人们饮用30～40摄氏度的茶水。

茶并非越陈越好。可以存放的茶除了普洱茶外，还有岩茶、白茶、红茶，在适宜的保存环境下，在一定的时间内，这些茶不但不会变质，而且还有可能变得更好喝。但这个陈放时间是有限度的，岩茶讲究“隔年陈”，一般陈放一两年为宜；红茶一般饮用新茶，存放太久香气会受到影响；白茶和普洱茶虽然存放时间较长，但如果超过二十年，其内含物也早已随着时间的推移而消失殆尽，只剩下陈味了。所以，茶叶并非越陈越好。

饮茶不能帮助醒酒，饮酒后，酒中的乙醇经胃肠道进入血液，在肝脏中先转化为乙醛，再转化为乙酸，然后分解成二氧化碳和水经肾脏排出体外。酒后饮浓茶，茶中的咖啡碱可迅速发挥利尿作用，从而促进尚未分解成乙酸的乙醛（对肾有较大刺激作用）过早进入肾脏，对肾脏产生损害。所以，酒后不可饮用浓茶，但可适量地喝一些淡茶，以帮助舒缓酒后情绪以及清洁口腔。

孕期不宜饮用浓茶，因为茶叶中的鞣酸会与食物中的铁相结合，使孕妇容易贫血，故不适宜饮用浓茶。此外，女士在孕期、哺乳期较为敏感，茶叶刺激性较大，饮用浓茶会导致休息不好，从而影响身体健康。

8

食品与茶叶营养卫生

✔ 课程　食品与茶叶营养卫生

课程 食品与茶叶营养卫生

一、国内商品茶现行标准

21 世纪以来，我国大力开展茶叶标准体系的建立工作，使茶叶标准逐步覆盖到茶树品种、产地环境、生产加工、产品等级、质量安全、包装储运等茶叶生产全过程，基本建立起以国家标准、企业标准为主体，以行业标准、地方标准为补充的茶叶标准体系，形成了“横向到边，纵向到底”的标准体系框架。

茶叶标准按茶叶生产过程或茶叶质量控制阶段划分为生产、加工和管理标准，包括茶树种子和苗木标准，生产加工和管理标准，质量安全标准，产品标准，包装、标签和储运标准，检测方法标准，机械标准，实物标准，其他相关标准等。这些标准覆盖整个茶叶产业链，从茶园到最终茶叶产品，基本实现了全程标准化管理的目标。

1. 国家标准

截至 2016 年年底，我国涉及茶叶的国家标准主要有 160 余项。其中生产、加工和管理标准 28 项，质量安全标准 4 项，产品标准 50 项，包装、标签和储运标准 7 项，检测方法标准 56 项，其他相关标准 17 项。

2. 行业标准

行业标准由各行业主管部门制定和发布，包括农业行业、供销行业、商业行业、进出口检验检疫行业、轻工行业、环境保护行业、林业行业、机械行业等涉及茶叶管理职能或管理权限的主管部门制定的规范茶叶生产加工和贸易的各种标准。

截至 2016 年年底，茶叶相关主要行业标准有 130 余项。其中生产加工和管理标准 29 项，质量安全标准 4 项，产品标准 16 项，包装、标签和储运标准 5 项，检测方法标准 39 项，机械标准 27 项，其他相关标准 11 项。

3. 地方标准

地方标准是由全国各茶叶主产区和主销区的省、市、地制定和颁布的各类茶叶标准，有 500 多项。其中，仅浙江省就有近 100 项。茶叶地方标准一般都是综合性标准，包括茶树种苗、栽培、加工等一系列标准。另外，《中华人民共和国食品安全法》（以下简称《食品安全法》）实施后，各地相继出台了不少食品安全地方标准。

4. 企业标准

根据《食品安全法》规定，企业标准应当报省级卫生行政部门备案，在本企业内部使用。因此，如果茶叶企业根据生产和销售的需要，制定相应的企业标准，应根据《食品安全企业标准备案管理办法》和各省、自治区、直辖市的相关规定，到省级相关行政部门备案。据全国茶叶标准化技术委员会估计，目前我国茶叶生产企业制定的企业标准有 10 000 余项。

二、国家茶叶质量卫生标准

1. 茶叶生产加工和管理标准

目前，国家标准中关于茶叶生产、加工和管理的标准有 28 项，如《食品安全国家标准　食品生产通用卫生规范》（GB 14881）、《茶叶加工良好规范》（GB/T 32744）等。行业标准中关于茶叶生产、加工和管理的标准有 29 项，如《绿色食品　产地环境质量》（NY/T 391）、《绿色食品　农药使用准则》（NY/T 393）等。

2. 茶叶实物标准样

茶叶实物标准样按照茶叶产品加工的阶段不同，一般可分为毛茶标准样、加工标准样和贸易标准样三种。

（1）毛茶标准样。毛茶标准样是收购毛茶的质量标准。按照茶类不同，有绿茶类、红茶类、乌龙茶类、黑茶类、白茶类、黄茶类六大类。其中红毛茶、炒青、毛烘青均分为六级十二等，逢双设样，设六个实物标准样；黄大茶分为三级六等，设三个实物标准样；乌龙茶一般分为五级十等，设一至四级四个实物标准样；黑毛茶及康南边茶分四级，设四个实物标准样；六堡茶分为五级十等，设五个实物标准样。

（2）加工标准样。加工标准样又称加工验收统一标准样，是毛茶加工成各种外销、内销、边销成品茶时对样加工，使产品质量规格化的实物依据，也是成品茶交接验收的主要依据。各类茶叶加工标准样按品质分级，级间不设等。

（3）贸易标准样。贸易标准样又称销售标准样，主要有外销标准样和内销标准样。外销标准样是根据我国外销茶叶的传统风格、市场需要和生产能力，由主管茶叶出口经营部门制定的出口茶叶标准样，是茶叶对外贸易中成交计价和货物交接的实物依据。各类、各花色按品质质量分级，各级编以固定号码，即茶号。如特珍特级、特珍一级、特珍二级，分别为41022、9371、9370；珍眉不列级为3008；珠茶特级为3505，珠茶一至五级分别为9372、9373、9374、9375、9475。近年来，也有由各省自营出口部门根据贸易需要自行编制的贸易标准样。

内销标准样一般是各种茶叶销售企业按企业经营范围和国内市场销售需要自行制定的、适合本企业组织经营销售活动的茶叶销售标准样。

3. 茶叶检测方法标准

目前，国家标准中关于茶叶检测方法的标准有56项，如《食品安全国家标准　食品微生物学检验菌落总数测定》（GB 4789.2）、《食品安全国家标准　食品中灰分的测定》（GB 5009.4）等。行业标准中关于茶叶检测方法的标准有39项，如《出口茶叶中六六六、滴滴涕残留量的检验方法》（SN/T 0147）、《绿色食品　产品检验规则》（NY/T 1055）等。

4. 茶叶质量安全标准

目前，国家标准中关于茶叶质量安全的标准有4项，如《食品安全国家标准　食品中污染物限量》（GB 2762）、《食品安全国家标准　食品中农药最大残留限量》（GB 2763）等。行业标准中关于茶叶质量安全的标准有4项，如《绿色食品　茶叶》（NY/T 288）、《有机茶》（NY 5196）等。

三、茶艺馆的卫生要求

1. 茶艺馆卫生标准

根据《食品安全法》规定，与茶艺馆业有关的卫生要求有以下几项。

（1）严格执行卫生标准。严格执行《公共场所卫生管理条例》和《公共场所卫生管理条例实施细则》等规章，服从卫生行政部门的监督。

（2）从业人员健康检查。从业人员须取得健康证后方可从事茶艺师的工作，每年应进行一次健康检查。

（3）日常卫生制度。应建立日常卫生保洁制度，并有专人负责督促检查。

（4）环境整洁美观。内外环境应整洁、美观，地面无果皮和垃圾。座位套应定期清洗，保持清洁。

（5）做好消毒工作。应安排专人负责消毒工作。

（6）室内空气流通。经营场所内必须有机械通风及空调设备，以保证空气流通。卫生间应设有洗手设施和机械通风装置。

（7）茶艺师个人卫生。饮茶不仅要求环境卫生也要求茶艺师注意个人卫生。茶艺师不仅要做到仪表整洁、身体健康，还特别要求保持手的洁净。要勤洗手、勤剪指甲，不佩戴过于复杂的饰品，不涂有气味的护手霜。茶艺师感冒、咳嗽，患有传染性疾病，手部患病或有伤口时，不宜沏茶招待宾客，沏茶时尽量不要说话，以免唾沫或口气污染茶叶、茶汤。

2. 茶叶的保存

（1）茶叶的储藏保管以干燥、冷藏、无氧和避光保存为最好。

（2）茶叶的含水量不能过高，一般应控制在 6% 以下。

（3）不同茶类如绿茶、红茶、乌龙茶等应分别储藏，不能混藏。

（4）不宜使茶叶与有异味的物品接触。

3. 茶具消毒

茶具常用的消毒方法有以下三种。

（1）蒸煮消毒。将茶具用清洁剂洗净，接着放入消毒容器中煮沸（100 摄氏度，20 ~ 30 分钟）或使用流通蒸汽（100 摄氏度，15 ~ 20 分钟）消毒，最后置于保洁柜中备用。

（2）消毒柜消毒。消毒柜消毒是指采用电子、紫外线及微波进行消毒。先将茶具用清洁剂洗净，然后置入消毒柜，再按说明书设置消毒程序（保证足够的消毒时间），最后置于保洁柜中备用。

（3）药物消毒。将茶具用清洁剂洗净，然后浸入配制好的消毒液中，等待 15 分钟，取出用净水冲洗消除残留药物，再用消毒后的干毛巾擦干或烘干，最后置于保洁柜中备用。

4. 用水卫生

现代人经常饮用的是经过净化消毒后的自来水，自来水必须满足《生活饮用水卫生标准》（GB 5749—2006）的要求。检验水质有以下四个指标。

（1）感观指标。色度不超过 15 度，无其他异色。混浊度不超过 1 度，无异臭、异味，无肉眼可见物。

（2）化学指标。pH 值为 6.5 ~ 8.5，总硬度（以 $CaCO_3$ 计）低于 450 毫克每升，氯化物含量低于 250 毫克每升，硫酸盐含量低于 250 毫克每升，铝含量低于 0.2 毫克每升，铁含量低于 0.3 毫克每升，锰含量低于 0.1 毫克每升，铜含量低于 1.0 毫克每升，锌含量低于 1.0 毫克每升，挥发酚类含量低于 0.002 毫克每升。

（3）毒理指标。氟化物含量低于 1.0 毫克每升，适宜浓度为 0.5 ~ 1.0 毫克每升。氰化物含量低于 0.05 毫克每升，砷含量低于 0.01 毫克每升，镉含量低于 0.005 毫克每升，铬（六价）含量低于 0.05 毫克每升，铅含量低于 0.01 毫克每升，汞含量低于 0.001 毫克每升，硒含量低于 0.01 毫克每升。

（4）微生物指标。菌落总数低于 100 个每升。不得检出总大肠菌群、耐热大肠菌群和大肠埃希氏菌。

符合以上指标的自来水为合格的饮用水。但是，为了使自来水符合以上指标，常常用漂白粉等氯化物加以消毒，而自来水存在氯离子过多会使酚类氧化，影响茶的品质。所以，自来水可以放心饮用，但如果用来泡茶的话，则必须消除氯气。简单的方法是将自来水储存在一个稍大的容器中，静置一昼夜后，取用上层水，然后再煮水泡茶，这样效果会比较好。当然，为了使水质纯净卫生，储存静置的水一次不可过多，应随用随存。

四、食品卫生制度要求

1. 饮食行业食品卫生知识

任何与饮食相关的行业都要做到卫生清洁，待加工原材料应确保新鲜和安全。

（1）食品采购、储存的卫生要求

1）一定要清楚货物来源，不采购来路不明的食品。

2）严格把关食品卫生质量，不采购不新鲜、变质、生虫、有毒、有害或过期食品。

3）采购有包装标识的食品。对定型包装食品索取检验合格证，不要采购无证明、标识不全的食品。

4）储存食品的场所、设备应当保持清洁，无霉斑、鼠迹、苍蝇、蟑螂等。仓库应当通风良好，禁止存放有毒、有害物品及个人生活物品。食品应当分类、分架、隔墙、离地存放，并定期检查、处理变质或超过保质期限的食品。

（2）食品生产经营过程的卫生要求

1）内外环境必须保持干净、整洁。

2）器皿使用前必须洗净、消毒，符合国家有关卫生标准。

3）食品工作人员应保持个人卫生，在生产、销售食品时，必须将手洗净，穿戴清洁的工作衣、帽。销售直接入口食品时，必须使用售货工具。食品生产经营人员每年必须进行健康检查。

2. 茶叶卫生知识

茶叶卫生一直备受社会大众关注。本书根据《茶叶卫生管理办法》，对茶叶卫生相关知识做如下介绍。

（1）鲜叶、毛茶收购应严格执行验收标准，不得收购掺假、含有非茶类物质，以及有异味、霉变、劣变等不符合卫生要求的茶叶。

（2）茶叶加工厂（场）应远离污染源，要有防尘、防烟设施。加工场地要使用水泥地面，以保持地面清洁。加工器具应符合卫生要求，做好保洁，防止污染。

（3）装运茶叶的运输工具必须清洁、无毒、无异味，运输途中要注意防雨、防潮、防污染。

（4）茶叶在储存、销售过程中要注意防潮、防毒、防污染。不得销售不符合卫生要求的茶叶。茶叶包装材料必须符合卫生要求。

（5）茶叶应符合相应的卫生标准。生产加工部门应建立健全的产品检验机构，加强卫生检查，逐步开展对有毒、有害物质的检验，保证产品合格出厂。

（6）食品卫生监督机构对生产经营单位应加强经常性的卫生监督。

9

劳动安全基本知识

- 课程 9-1　安全用电、安全用火
- 课程 9-2　安全防护
- 课程 9-3　安全生产事故报告

课程 9-1　安全用电、安全用火

一、安全用电

1. 安全用电的意义

茶艺馆在日常工作中，应当注意用电安全。现代茶艺馆的用电需求较大，而且多涉及各类型的电动设备和工具，生产经营过程中可能存在多种潜在的用电危险因素。因此，为了保证宾客和自身的人身安全及茶艺馆的财产安全，茶艺师必须不断提高综合素质，贯彻落实茶艺馆内的用电安全制度。

2. 安全用电的注意事项

茶艺师应掌握以下安全用电常识。

（1）认识、了解电源总开关，学会在紧急情况下关断总电源。

（2）不用湿手触摸电器，不用湿布擦拭电器。

（3）电器使用完毕后应拔掉电源插头；插拔电源插头时不要用力拉拽电线，防止电线的绝缘层受损造成触电；电线的绝缘皮若剥落要及时更换新线，或用绝缘胶布包好。

（4）不随意拆卸、安装电源线路、插座、插头等。

（5）应避免超负荷用电，对破旧老化的电源线应及时更换，以免发生意外。

（6）接临时电源时要用合格的电源线、电源插头，插座要安全可靠。

（7）应确保线路接头接触良好，连接可靠。

（8）使用电动工具须戴绝缘手套。

（9）遇有电器着火，应先切断电源再救火。

（10）电器接线必须确保正确，有疑问应及时询问专业人员。

（11）电器在使用时，应有良好的外壳接地，室内要设有公用地线。

（12）使用电热器时必须远离易燃物品，用完后应切断电源，拔下插头，以防意外发生。

3. 触电的处理方法

（1）迅速脱离电源。发现有人触电时，应尽快使触电人员脱离电源。首先要设法及时关断电源；如果电源不在附近，可用干燥的木棍或带绝缘手柄的电工钳子等物将触电者与带电的电器或导线分开，切忌用手直接救人。

（2）触电者脱离电源后，若神志清醒，应及时送其到医院救治观察。若触电者情况比较危重，应立即拨打 120 急救电话并根据实际情况采取人工呼吸或心肺复苏等急救措施。

二、安全用火

1. 火灾的预防

茶艺馆内常有大功率烧水电器，容易引发火灾。为了避免茶艺馆发生火灾，茶艺师需要掌握以下知识。

（1）尽量不在茶艺馆内使用明火烧水工具，如酒精炉、炭火等。

（2）使用大功率烧水壶烧水时不能离人，当离人、停用、停电或发现电器有异常情况时，应立即切断电源。

（3）严禁茶艺馆内电器超负荷运行。在选择电线时，要根据所用电器的功率配备相应规格的电线，以防电线超负荷而引起火灾。

2. 灭火的措施

（1）由明火引起的火灾。由明火引起火灾时，要根据可燃物的性质采取相应的灭火方法。如果火势不大，可用干粉灭火器等喷射火焰根部以迅速灭火。火势严重时，应立即疏散人员，拨打火警电话 119 报警。

（2）由电器引起的火灾。当电器线路或电器发生火灾，引燃附近的可燃物时，应该及时切断电源再进行扑救。要注意千万不能在断电前用水灭火，因为电器一般都会带电，而水又能够导电，用水灭火可能会使人触电，不仅达不到救火的目的，反而会造成更大的损失。所以发生电器火灾时，应使用干粉、二氧化碳、四氯化碳等灭火器进行扑救。

3. 火灾报警知识

（1）拨打火警电话 119 并讲清着火位置。

（2）要说清着火的物品和火势大小，以便消防部门调出相应的消防车辆。

（3）说清楚报警人的姓名和电话号码。

（4）注意听清消防队的询问，正确简洁地予以回答，待对方明确说明可以挂断电话时，方可挂断。

（5）报警后要到路口等候消防车，为消防车指明去火场的道路。

课程 9-2　安全防护

一、操作安全防护

1. 防爆

爆炸必须具备三个条件，爆炸性物质、空气或氧气、点燃源。爆炸性物质是指能与氧气（空气）反应的物质，包括气体（氢气、乙炔、甲烷等）、液体（酒精、汽油等）和固体（粉尘、纤维粉尘等）。点燃源包括明火、电气火花、机械火花、静电火花、高温、化学反应、光能等。

防止爆炸的产生必须从这三个必要条件来考虑，只要限制了其中一个条件，就限制了爆炸的产生。茶艺馆虽然不像工业生产车间那样有很多可燃性物质和爆炸性物质，但是茶艺馆的电气线路设施和可能存在的明火燃料（如酒精等）依然存在着爆炸的风险。

电气线路应避开可能受到机械损伤、振动、污染、腐蚀及受热的地方；否则，应采取防护措施。电源接口处应该远离茶艺操作台，防止有水溅射；电器应按照使用标准操作使用，如电水壶在使用时应防止干烧；电路在使用时要严禁过载。

茶艺馆为了开展茶事活动，可能存放炭或酒精等明火燃料用来煮水。如果保存处理不当，也会成为爆炸的诱因。首先，这类明火燃料应该少存放。其次，明火燃料存放的地点应远离点燃源。

另外要注意茶具的使用。普通材质的玻璃和陶瓷茶具是热的不良导体，当内壁的一部分突然遇热时，内层受热明显膨胀但外层受热不够而膨胀得少，由此使得茶具各部分间温差较大，当温差过大时，就可能导致玻璃杯或瓷杯碎裂爆炸。

2. 防烫伤

茶艺师在工作过程中经常与热水接触，所以防止烫伤是茶艺师尤其应该注意的操作安全防护。

（1）茶艺师防烫伤注意事项

1）温具时，避免水温或消毒柜温度过高，不可直接接触沸水或者经消毒柜高温消毒的茶具，可晾凉至一定温度后再取用。

2）煮水时，应避免沸水溅到人或者不耐烫的物品上；避免高温电磁炉底座余温烫伤人或烫坏物品。

3）熟练掌握泡茶要点

①泡茶时，要熟练掌握所泡茶叶水温及茶具特性；熟练掌握盖碗、紫砂壶等茶具的使用技巧。

②明火煮茶时，首先水不可倒入太满，避免沸腾时冒出烫人；其次，注意不要让火星飞溅，不可直接用手接触高温器皿，等到温度降低后再收起来。使用电炉煮茶时，首先要在茶壶中倒入适量水，避免沸腾时飞溅；再次，小心电磁炉底座余温，尽量不要触摸；最后，煮茶时壶嘴部位会有蒸汽喷出，应注意不要碰到，以防烫伤。

③添茶时，水壶不可举得过高，避免茶水飞溅；倒茶至七分满即可，不宜过满；可使用茶托奉茶，避免茶水烫到自己或宾客。

4）熟悉所用器皿特性及茶桌周围物品特性（如高温茶壶底座不可直接放在不耐烫的桌子或茶席上）。定期检查所用器皿功能是否完好，避免其老化。

（2）烫伤处理措施

1）对只有轻微红肿的轻度烫伤，可以用冷水反复冲淋，再涂上烫伤药。

2）如果烫伤部位起了小水疱，不要将其弄破，涂上烫伤药后应用干净的纱布包扎。

3）烫伤比较严重的，应及时去医院诊治。

3. 防意外

茶艺师在茶艺馆工作期间，应谨防各种意外情况的发生。

（1）茶艺师要经常检查茶艺馆仓库安全，严防仓库发生意外事件。

（2）茶艺师要定期排查茶艺馆内老化的电气线路和物品，排除安全隐患，避免发生意外。

（3）茶艺馆内应摆放安全提醒标识，如“小心地滑”“安全出口”等。

（4）茶艺馆和茶艺师应该为人身财产安全购买保险。

意外事件往往是突然发生、出乎人们意料的。但如果茶艺师在日常工作中有充分的防范意识和防范措施，就能很好地将各种意外事件消除在萌芽状态。

二、财产安全防护

1. 茶室财产安全

（1）定期检查。定期对茶艺馆进行安全检查，对发现的事故隐患应按规定及时排除。要及时清点盘查室内物资，保护茶艺馆固定资产安全。要及时核对产品销售数量及剩余数量，如果有多或少的情况，要立即核查原因。茶艺馆的公款要及时上缴，以免时间过长发生丢失或遗忘。

（2）掌握安全知识。学习并掌握必要的安全生产知识，熟练掌握岗位安全操作技能，提高自我保护和处理突发事件的能力。

2. 宾客财产安全

一方面，茶艺师有义务提醒宾客保管好随身物品，以防被盗或遗失。如宾客将物品遗忘在店内，茶艺师要第一时间联系宾客，若无法联系到，要保证物品完好无损，直至宾客回来取走，或是交给警方处理，茶艺师不得擅自处理宾客物品。

另一方面，宾客在店内消费，茶艺师要保证产品的质量、数量安全。此外，茶艺师还要不定期地提醒存茶宾客剩余产品的使用数量和质量问题。

茶艺师要耳听八方、眼观六路，保证进店宾客不携带危险物品。茶艺师为宾客介绍产品或冲泡茶叶时，要注意安全，小心提醒，随时观察。

三、环境安全防护

1. 空间环境

（1）保证茶艺馆的内部空间总体布局明确，功能分区合理。

（2）人员、物资通道应分开设置。

（3）茶艺馆内部装饰材料不得对人体产生危害。

（4）茶艺馆内应设立卫生间。

（5）保持茶艺馆环境整洁。

（6）注重塑造茶艺馆内的人文环境，茶艺馆整体风格要求稳重、大方。

2. 空气质量

（1）茶艺馆内应保持空气清新，无霉味、烟味及其他异味。

（2）应该充分利用自然通风，自然通风无法满足需求时应加设机械通风装置。

（3）操作间、卫生间的竖向排风道应该具有防火、防倒灌、防串味及均匀排气的功能。

（4）茶艺馆内应有空调、空气净化器等空气质量辅助调节工具。

（5）茶艺馆内的空气质量应满足以下标准。

1）室内温度应保持在 18 ~ 25 摄氏度。

2）相对湿度应保持在 40% ~ 80%。

3）风速应该低于 0.15 米每秒。

4）二氧化碳含量应低于 0.15%。

5）一氧化碳含量应低于 10 毫克每立方米。

6）甲醛含量应低于 0.12 毫克每立方米。

7）可吸入颗粒物含量应低于 0.15 毫克每立方米。

课程 9-3　安全生产事故报告

一、安全生产事故处理法规

《生产安全事故报告和调查处理条例》自 2007 年 6 月 1 日起施行。该条例规定，事故报告应当及时、准确、完整，任何单位和个人对事故均不得迟报、漏报、谎报或者瞒报。

1. 事故报告

（1）事故发生后，事故现场有关人员应当立即向本单位负责人报告；单位负责人接到报告后，应当于1小时内向事故发生地县级以上人民政府安全生产监督管理部门和负有安全生产监督管理职责的有关部门报告。

情况紧急时，事故现场有关人员可以直接向事故发生地县级以上人民政府安全生产监督管理部门和负有安全生产监督管理职责的有关部门报告。

（2）报告事故应当包括下列内容。

1）事故发生单位概况。

2）事故发生的时间、地点以及事故现场情况。

3）事故的简要经过。

4）事故已经造成或者可能造成的伤亡人数（包括下落不明的人数）和初步估计的直接经济损失。

5）已经采取的措施。

6）其他应当报告的情况。

（3）事故报告后出现新情况的，应当及时补报。自事故发生之日起30日内，事故造成的伤亡人数发生变化的，应当及时补报。道路交通事故、火灾事故自发生之日起7日内，事故造成的伤亡人数发生变化的，应当及时补报。

2. 事故处理

事故发生单位负责人接到事故报告后，应当立即启动事故相应应急预案，或者采取有效措施，组织抢救，防止事故扩大，减少人员伤亡和财产损失。

事故发生后，有关单位和人员应当妥善保护事故现场以及相关证据，任何单位和个人不得破坏事故现场、毁灭相关证据。因抢救人员、防止事故扩大以及疏通交通等原因，需要移动事故现场物件的，应当做出标志，绘制现场简图并做出书面记录，妥善保存现场重要痕迹、物证。

事故发生后单位应当按照负责事故调查的人民政府的批复，对本单位负有事故责任的人员进行处理。事故发生单位应当认真吸取事故教训，落实防范和整改措施，防止事故再次发生。防范和整改措施的落实情况应当接受工会和职工的监督。

二、安全事故申报程序

1. 事故等级

根据生产安全事故造成的人员伤亡或者直接经济损失，事故一般分为以下等级。

（1）特别重大事故，是指造成 30 人以上死亡，或者 100 人以上重伤（包括急性工业中毒，下同），或者 1 亿元以上直接经济损失的事故。

（2）重大事故，是指造成 10 人以上 30 人以下死亡，或者 50 人以上 100 人以下重伤，或者 5 000 万元以上 1 亿元以下直接经济损失的事故。

（3）较大事故，是指造成 3 人以上 10 人以下死亡，或者 10 人以上 50 人以下重伤，或者 1 000 万元以上 5 000 万元以下直接经济损失的事故。

（4）一般事故，是指造成 3 人以下死亡，或者 10 人以下重伤，或者 1 000 万元以下直接经济损失的事故。

2. 逐级上报

安全事故发生后，单位负责人应立即向当地安全生产监督管理部门和负有安全生产监督管理职责的有关部门报告。安全生产监督管理部门和负有安全生产监督管理职责的有关部门接到事故报告后，应当依照下列规定上报事故情况，并通知公安机关、劳动保障行政部门、工会和人民检察院，同时报告本级人民政府。

（1）特别重大事故、重大事故逐级上报至国务院安全生产监督管理部门和负有安全生产监督管理职责的有关部门。

（2）较大事故逐级上报至省、自治区、直辖市人民政府安全生产监督管理部门和负有安全生产监督管理职责的有关部门。

（3）一般事故上报至设区的市级人民政府安全生产监督管理部门和负有安全生产监督管理职责的有关部门。

3. 事故调查

未造成人员伤亡的一般事故，县级人民政府也可以委托事故发生单位组织事故调查组进行调查。重大事故、较大事故、一般事故分别由事故发生地省级人民政府、设区的市级人民政府、县级人民政府负责调查。省级人民政府、设区的市级人民政府、县级人民政府可以直接组织事故调查组进行调查，也可以授权或者委托有关部门组织事故调查组进行调查。特别重大事故由国务院或者国务院授权有关部门组织事故调查组进行调查。

事故发生单位的负责人和有关人员在事故调查期间不得擅离职守，并应当随时接受事故调查组的询问，如实提供有关情况。

事故调查报告包括下列内容：事故发生单位概况，事故发生经过和事故救援情况，事故造成的人员伤亡和直接经济损失，事故发生的原因和事故性质，事故责任的认定以及对事故责任者的处理建议，事故防范和整改措施。事故调查报告应当附具有关证据材料。事故调查组成员应当在事故调查报告上签名。

模块10 相关法律法规知识

✔ 课程　相关法律法规知识

课程　相关法律法规知识

一、《中华人民共和国劳动法》相关知识

《中华人民共和国劳动法》（以下简称《劳动法》）的制定旨在保护劳动者的合法权益，调整劳动关系，建立和维护适应社会主义市场经济的劳动制度，促进经济发展和社会进步。《劳动法》于 1994 年 7 月 5 日第八届全国人民代表大会常务委员会第八次会议通过，根据 2018 年 12 月 29 日第十三届全国人民代表大会常务委员会第七次会议《关于修改〈中华人民共和国劳动法〉等七部法律的决定》进行第二次修正。

茶艺师应该掌握《劳动法》中有关劳动者本人权益、用人单位利益以及劳资关系协调与仲裁的内容。

1. 劳动者素质要求

劳动者的素质是指作为一名劳动者应具备的条件，它直接关系到劳动者本人和用人单位的利益。

《劳动法》在总则中规定了一些对劳动者素质的要求。

（1）完成劳动任务。完成劳动任务是劳动者最基本的素质要求。只有完成劳动任务，劳动者和用人单位的工作需求才能够得到实现。

（2）提高职业技能。提高职业技能是对劳动者职业素质方面的要求。劳动者素质的提高将有助于劳动者和用人单位更好地实现自身利益。

（3）执行劳动安全卫生规程。执行劳动安全卫生规程是对劳动者安全卫生方面的素质要求。只有严格执行劳动安全卫生规程，才能防止在劳动过程中出现事故，减少职业危害。

（4）遵守劳动纪律和职业道德。遵守劳动纪律和职业道德是对劳动者纪律和道德观念方面的素质要求，是检验一个劳动者素质是否全面的重要标准。

2. 劳动者合法权益

保护劳动者的合法权益，是《劳动法》的根本宗旨。《劳动法》主要通过规定劳动者享有一系列权利来达到保护劳动者合法权益的目的。

（1）平等的权利。劳动者享有平等就业和选择职业的权利。劳动者就业，不因民族、性别、宗教信仰不同而受到歧视。妇女享有与男子平等的就业权利。求职者与用人单位均有权选择对方，即求职者有权自由选择用人单位，用人单位有权自主选择录用求职者。

（2）取得劳动报酬的权利。劳动者有取得劳动报酬的权利。工资分配应当遵循按劳分配原则，实行同工同酬。国家实行最低工资保障制度。用人单位支付劳动者的工资不得低于当地最低工资标准。工资应当以货币形式按月支付给劳动者本人。不得克扣或者无故拖欠劳动者的工资。劳动者在法定休假日和婚丧假期间以及依法参加社会活动期间，用人单位应当依法支付工资。

（3）休息休假的权利。劳动者享有休息休假的权利。用人单位应当保证劳动者每周至少休息一日。应当在元旦、春节、国际劳动节、国庆节以及法律、法规规定的其他休假节日期间安排劳动者休假。劳动者连续工作一年以上的，享受带薪年休假。

（4）接受职业技能培训的权利。劳动者享有接受职业技能培训的权利。用人单位应当建立职业培训制度，按照国家规定提取和使用职业培训经费，根据本单位实际，有计划地对劳动者进行职业培训。

（5）获得劳动安全卫生保护的权利。用人单位必须建立、健全劳动安全卫生制度，严格执行国家劳动安全卫生规程和标准，对劳动者进行劳动安全卫生教育。同时，还必须为劳动者提供符合国家规定的劳动安全卫生条件和必要的劳动防护用品，对从事有职业危害作业的劳动者应当定期进行健康检查。劳动者对用人单位管理人员违章指挥、强令冒险作业，有权拒绝执行；对危害生命安全和身体健康的行为，有权提出批评、检举和控告。

（6）享受社会保险和福利的权利。用人单位和劳动者必须依法参加社会保险，缴纳社会保险费。劳动者在退休、患病、负伤、因工伤残或者患职业病、失业、生育情况下，依法享受社会保险待遇。

3. 劳资关系

用人单位与劳动者发生劳动争议时，当事人可以依法申请调解、仲裁或提起诉讼，也可以协商解决。解决劳动争议，应当根据合法、公正、及时处理的原则，依法维护劳动争议当事人的合法权益。

（1）调解。劳动争议发生后，当事人可以向本单位劳动争议调解委员会申请调解。

（2）仲裁。如劳动争议调解委员会调解不成，当事人一方要求仲裁，可以向劳动争议仲裁委员会申请仲裁。当事人一方也可以直接向劳动争议仲裁委员会申请仲裁。

（3）诉讼。对仲裁裁决不服的，可以向人民法院提起诉讼。

二、《中华人民共和国劳动合同法》相关知识

《中华人民共和国劳动合同法》（以下简称《劳动合同法》）的制定旨在完善劳动合同制度，明确劳动合同双方当事人的权利和义务，保护劳动者的合法权益，构建和发展和谐稳定的劳动关系。《劳动合同法》由第十届全国人民代表大会常务委员会第二十八次会议于 2007 年 6 月 29 日修订通过，自 2008 年 1 月 1 日起施行。根据 2012 年 12 月 28 日第十一届全国人民代表大会常务委员会第三十次会议《关于修改〈中华人民共和国劳动合同法〉的决定》进行修正，自 2013 年 7 月 1 日起施行。

1. 劳动者合法权益

（1）劳动合同订立原则。《劳动合同法》规定，订立劳动合同应遵循合法、公平、平等自愿、协商一致、诚实信用的原则。依法订立的劳动合同具有约束力，用人单位与劳动者应当履行劳动合同约定的义务。

（2）明确双方权利义务。用人单位依法建立和完善劳动规章制度，保障劳动者享有劳动权利、履行劳动义务。劳动者也应依法履行自己的工作职责和劳动义务。

（3）构建和谐劳动关系。县级以上人民政府劳动行政部门会同工会和企业方面代表，建立健全协调劳动关系三方机制，共同构建和谐劳动关系。

2. 劳动关系的订立

用人单位自用工之日起即与劳动者建立劳动关系。

（1）遵守法律。用人单位与劳动者都应遵守《劳动合同法》及相关法律法规要求。

（2）平等自愿。用人单位与劳动者之间应是平等自愿的相互协作关系。

（3）诚实守信。用人单位与劳动者之间的合作应是坦诚相待、遵守信用的。

3. 劳动关系的解除

用人单位与劳动者协商一致，可以解除劳动合同。

（1）劳动者解除。劳动者提前三十日以书面形式通知用人单位，可以解除劳动合同。劳动者在试用期内提前三日通知用人单位，可以解除劳动合同。用人单位有下列情形之一的，劳动者可以解除劳动合同：用人单位未按劳动合同约定提供劳动者保护或劳动条件的；未及时足额支付劳动报酬的；未依法为劳动者缴纳社会保险费的；用人单位的规章制度违反法律、法规的规定，损害劳动者权益的；以欺诈、胁迫的手段或者乘人之危，使对方在违背真实意思的情况下订立或者变更劳动合同致使劳动合同无效的；法律、行政法规规定劳动者可以解除劳动合同的其他情形。用人单位以暴力、威胁或者非法限制人身自由的手段强迫劳动者劳动的，或者用人单位违章指挥、强令冒险作业危及劳动者人身安全的，劳动者可以立即解除劳动合同，不需事先告知用人单位。

（2）用人单位解除。劳动者有下列情形之一的，用人单位可以解除劳动合同：劳动者在试用期间被证明不符合录用条件；严重违反用人单位规章制度；严重失职，营私舞弊，给用人单位造成重大损害；劳动者同时与其他用人单位建立劳动关系，对完成本单位的工作任务造成严重影响，或者经用人单位提出，拒不改正的；以欺诈、胁迫的手段或者乘人之危，使对方在违背真实意思的情况下订立或者变更劳动合同致使劳动合同无效的；被依法追究刑事责任的。

（3）合同终止。劳动合同自然终止的情况有：劳动合同期满；劳动者开始依法享受基本养老保险待遇；劳动者死亡，或者被人民法院宣告死亡或者宣告失踪；用人单位被依法宣布破产；用人单位被吊销营业执照、责令关闭、撤销或者用人单位决定提前解散的，法律、行政法规规定的其他情形。

4. 茶艺馆的劳动合同签订

（1）茶艺馆应履行的职责

1）用人单位真实名称。用人单位应将真实名称告知劳动者。

2）工作内容和地点。茶艺馆在招用茶艺师等服务人员时，应当如实告知工作内容、工作地点、工作条件、职业危害、安全生产状况等。

3）工作时间和休息时间。茶艺馆应当严格执行劳动定额标准，不得强迫或者变相强迫劳动者在固定工作时间之外加班。如在休息时间加班，应按照国家有关规定向劳动者支付加班费。

4）劳动报酬。茶艺馆应当按照劳动合同约定和国家规定，向茶艺师及时支付劳动报酬。

（2）茶艺师应履行的职责

1）履行合同。茶艺师应当按照劳动合同的约定，履行自己的工作义务。

2）按时工作。茶艺师应按照劳动合同要求按时准点工作，不得无故迟到、旷工，有事须事先请假。

3）提高技能。茶艺师应不断提高服务技能。茶艺馆可为茶艺师提供专项技能培训费用，对其进行专业技能培训。

4）遵守制度。作为茶艺馆的职员，茶艺师应遵守用人单位各项规章制度，自觉履行岗位职责。

三、《中华人民共和国食品安全法》相关知识

《中华人民共和国食品安全法》（以下简称《食品安全法》）是全国人民代表大会常务委员会批准的国家法律文件，于2009年2月28日通过，2015年4月24日修订。现行的《食品安全法》于2021年4月29日第二次修正。

1. 食品安全负责人

《食品安全法》规定，食品生产经营者对其生产经营食品的安全负责。食品生产经营者应当依照法律、法规和食品安全标准从事生产经营活动，保证食品安全，诚信自律，对社会和公众负责，接受社会监督，承担社会责任。

2. 食品生产经营基本要求

（1）具有与生产经营的食品品种、数量相适应的食品原料处理和食品加工、包装、储存等场所，保持该场所环境整洁，并与有毒、有害场所以及其他污染源保持规定的距离。

（2）具有与生产经营的食品品种、数量相适应的生产经营设备或者设施，有相应的消毒、更衣、盥洗、采光、照明、通风、防腐、防尘、防蝇、防鼠、防虫、洗涤以及处理废水、存放垃圾和废弃物的设备或者设施。

（3）有专职或者兼职的食品安全专业技术人员、食品安全管理人员和保证食品安全的规章制度。

（4）具有合理的设备布局和工艺流程，防止待加工食品与直接入口食品、原料与成品交叉污染，避免食品接触有毒物、不洁物。

（5）餐具、饮具和盛放直接入口食品的容器，使用前应当洗净、消毒，炊具、用具用后应当洗净，保持清洁。

（6）储存、运输和装卸食品的容器、工具和设备应当安全、无害，保持清洁，防

止食品污染，并符合保证食品安全所需的温度、湿度等特殊要求，不得将食品与有毒、有害物品一同储存、运输。

（7）直接入口的食品应当使用无毒、清洁的包装材料、餐具、饮具和容器。

（8）食品生产经营人员应当保持个人卫生，生产经营食品时，应当将手洗净，穿戴清洁的工作衣、帽等；销售无包装的直接入口食品时，应当使用无毒、清洁的容器、售货工具和设备。

（9）用水应当符合国家规定的生活饮用水卫生标准。

（10）使用的洗涤剂、消毒剂应当对人体安全、无害。

（11）法律、法规规定的其他要求。

3. 违禁食品

禁止生产经营下列食品、食品添加剂、食品相关产品。

（1）用非食品原料生产的食品或者添加食品添加剂以外的化学物质和其他可能危害人体健康物质的食品，或者用回收食品作为原料生产的食品。

（2）致病性微生物、农药残留、兽药残留、生物毒素、重金属等污染物质以及其他危害人体健康的物质含量超过食品安全标准限量的食品、食品添加剂、食品相关产品。

（3）用超过保质期的食品原料、食品添加剂生产的食品、食品添加剂。

（4）超范围、超限量使用食品添加剂的食品。

（5）营养成分不符合食品安全标准的专供婴幼儿和其他特定人群的主辅食品。

（6）腐败变质、油脂酸败、霉变生虫、污秽不洁、混有异物、掺假掺杂或者感官性状异常的食品、食品添加剂。

（7）病死、毒死或者死因不明的禽、畜、兽、水产动物肉类及其制品。

（8）未按规定进行检疫或者检疫不合格的肉类，或者未经检验或者检验不合格的肉类制品。

（9）被包装材料、容器、运输工具等污染的食品、食品添加剂。

（10）标注虚假生产日期、保质期或者超过保质期的食品、食品添加剂。

（11）无标签的预包装食品、食品添加剂。

（12）国家为防病等特殊需要明令禁止生产经营的食品。

（13）其他不符合法律、法规或者食品安全标准的食品、食品添加剂、食品相关产品。

四、《中华人民共和国消费者权益保护法》相关知识

《中华人民共和国消费者权益保护法》（以下简称《消费者权益保护法》）的制定旨在保护消费者的合法权益，维护社会经济秩序，促进社会主义市场经济健康发展。《消费者权益保护法》于1993年10月31日第八届全国人民代表大会常务委员会第四次会议通过，自1994年1月1日起施行。根据2009年8月27日第十一届全国人民代表大会常务委员会第十次会议《关于修改部分法律的规定》进行第一次修正。根据2013年10月25日第十二届全国人民代表大会常务委员会第五次会议《关于修改〈中华人民共和国消费者权益保护法〉的决定》进行第二次修正，自2014年3月15日起实施。

茶艺师在日常服务工作当中，必须把握自身工作的特点，对于来到茶艺馆、茶楼、茶庄消费的宾客，既要礼貌待客，同时又要对消费者的合法权益有所了解，这样才能成为一名合格的茶艺师。

1. 消费者的合法权益

消费者权益是指消费者在购买、使用商品和接受服务时依法享有的权利和该权利受到保护时给消费者带来的利益。

（1）安全保障权。消费者在购买、使用商品和接受服务时，享有人身、财产安全不受损害的权利。

（2）知情权。消费者享有知悉其购买、使用的商品或者接受的服务的真实情况的权利。

（3）自主选择权。消费者享有自主选择商品或者服务的权利。

（4）公平交易权。消费者享有公平交易的权利。

（5）获得赔偿权。消费者因购买、使用商品或者接受服务受到人身、财产损害的，享有依法获得赔偿的权利。

（6）结社权。消费者享有依法成立维护自身合法权益的社会团体的权利。

（7）获取相关知识权。消费者享有获得有关消费和消费者权益保护方面的知识的权利。

（8）尊重权。消费者在购买、使用商品和接受服务时，享有其人格尊严、民族风俗习惯得到尊重的权利。

（9）监督权。消费者享有对商品和服务以及对保护消费者权益工作进行监督的权利。

2. 权益的保障

消费者与经营者是消费活动中相对应的主体，消费者权利的实现有赖于经营者义务的履行。因此，《消费者权益保护法》通过严格规定经营者的义务来实现对消费者权益的保障。

（1）履行义务。经营者向消费者提供商品和服务时，应依照法律、法规的规定履行义务。双方有约定的，应按照约定履行义务，但约定不得违法。

（2）接受监督。经营者应当听取消费者对其提供的商品或服务的意见，接受消费者的监督。

（3）保证安全。经营者应当保证其提供的商品或服务符合保障人身、财产安全的要求。

（4）信息真实。经营者应当向消费者提供有关商品或者服务的真实信息，不得作虚假或引人误解的宣传。

（5）名称和标记真实。经营者应当标明真实名称和标记。租赁他人柜台或者场地的经营者，应当标明其真实名称和标记。

（6）出具凭证。经营者提供商品或服务，应当按照国家有关规定或者商业惯例向消费者出具购货凭证或者服务单据；消费者索要购货凭证或者服务单据的，经营者必须出具。

（7）质量保证。经营者应当保证在正常使用商品或者接受服务的情况下，其提供的商品或者服务应当具有的质量、性能、用途和有效期限。

（8）售后服务。经营者提供商品或者服务，按照国家规定或者与消费者的约定，承担包修、包换、包退或者其他责任的，应当按照国家规定或者约定履行。

（9）公平交易。经营者不得以格式合同、通知、声明、店堂告示等方式作出对消费者不公平、不合理的规定，或者减轻、免除其损害消费者合法权益应当承担的民事责任。

（10）维护消费者人格权。经营者不得对消费者进行侮辱、诽谤，不得搜查消费者的身体及其携带的物品，不得侵犯消费者的人身自由。

3. 权益纠纷的处理

消费者与经营者发生权益纠纷，可以与经营者协商和解，可以请求消费者协会调解，可以向有关行政部门申诉，可以根据与经营者达成的仲裁协议提请仲裁机构仲裁，可以向人民法院提起诉讼。

五、《公共场所卫生管理条例》相关知识

《公共场所卫生管理条例》的制定旨在创造良好的公共场所卫生条件，预防疾病，保障人体健康。本条例于2019年4月23日修订并实施。

1.《公共场所卫生管理条例》的内容

《公共场所卫生管理条例》的内容主要包括：本条例适用的公共场所的范围，公共场所应符合国家卫生标准和要求的项目，公共场所的“卫生许可证”制度，公共场所主管部门的卫生管理制度，公共场所经营单位的卫生责任制度，卫生防疫机构对本辖区范围内的公共场所的卫生监督职责，公共场所经营者违反本条例应承担的法律责任，公共场所卫生监督机构和卫生监督员违法应承担的法律责任。

2.食品经营许可证管理

《国务院关于整合调整餐饮服务场所的公共场所卫生许可证和食品经营许可证的决定》于2016年2月29日发布，作出以下决定。

（1）取消餐饮服务场所公共场所卫生许可证。取消地方卫生部门对饭馆、咖啡馆、酒吧、茶座四类公共场所核发的卫生许可证，有关食品安全许可内容整合进食品药品监管部门核发的食品经营许可证，由食品药品监管部门一家许可、统一监管。

（2）规范和改进食品经营许可证管理。取消餐饮服务场所的公共场所卫生许可证后，各级食品药品监管部门（现称市场监督管理部门，下同）要切实落实对餐饮企业的监管责任，进一步规范食品经营许可证审批和发放行为，依法、依规、依标准进行事前审查，编制服务指南，制定内部审查细则，优化审批流程，缩短审批时限，实行办理时限承诺制，着力提高办证效率。

（3）加强对餐饮服务场所的事中事后监管。地方食品药品监管部门要加强对餐饮服务场所的监管，改进监管方式，建立信用体系，完善科学的抽查制度、责任追溯制度、黑名单制度和市场退出机制等，确保餐饮服务场所食品安全。食品药品监管部门接到传染病疫情及隐患的报告后，要及时向卫生部门通报。卫生部门要主动监测、收集、分析、调查、核实相关传染病疫情，依据传染病防治法等法律法规指导采取预防和应对措施。

3. 茶艺馆相关管理规定

作为公共场所的茶艺馆，必须遵守《公共场所卫生管理条例》的相关规定。

（1）国家卫生标准和要求

1）空气、微小气候（湿度、温度、风速）。

2）水质。

3）采光。

4）噪声。

5）宾客用具。

6）卫生设施。

（2）员工卫生知识的培训与考核。经营单位应当负责所经营的公共场所的卫生管理，建立卫生责任制度，对本单位的从业人员进行卫生知识的培训和考核工作。

（3）茶艺馆服务人员的要求。公共场所直接为宾客服务的人员，必须持“健康合格证”方能从事本职工作。患有痢疾、伤寒、病毒性肝炎、活动期肺结核、化脓性或者渗出性皮肤病以及其他有碍公共卫生的疾病，治愈前不得从事直接为宾客服务的工作。

内容简介

为大力推行职业技能等级制度，实施职业技能提升行动，大规模开展职业技能培训，人力资源社会保障部教材办公室组织有关专家编写了国家职业技能等级认定培训系列教材。本书作为职业技能等级认定推荐教材，根据《茶艺师国家职业技能标准（2018 年版）》和国家基本职业培训包要求编写，适用于职业技能等级认定培训和中短期职业技能培训。

本书介绍了各级别茶艺师应掌握的基本素质，涉及职业认知与职业道德、茶文化基本知识、茶叶知识、茶具知识、品茗用水知识、茶艺知识、茶与健康及科学饮茶、食品与茶叶营养卫生、劳动安全基本知识、相关法律法规知识等内容。

责任编辑　宋　臻
责任校对　洪　娟
责任设计　邱雅卓

ISBN 978-7-5167-5040-7

定价：45.00 元